零基础
服装设计入门

LINGJICHU
FUZHUANG SHEJI RUMEN

郭文君　陈丽芳　主编

化学工业出版社
·北京·

本书共分为7章，主要包括服装设计必知、服装设计的色彩应用、服装的外形、服装款式的局部及整体设计、服装设计的材料应用、专题服装设计、成衣设计等内容。

本书作为一本服装设计师的指导书，从最基本的设计讲起，内容丰富，通俗易懂，还配有大量的图片和实例，便于读者从零开始轻松地学习服装设计。

本书适合服装从业人员、服装设计相关专业的师生以及广大爱好服装设计的人士阅读与参考。

图书在版编目(CIP)数据

零基础服装设计入门 / 郭文君，陈丽芳主编. --北京：化学工业出版社，2020.5（2024.10重印）
ISBN 978-7-122-36326-8

Ⅰ. ①零… Ⅱ. ①郭… ②陈… Ⅲ. ①服装设计
Ⅳ. ①TS941.2

中国版本图书馆CIP数据核字(2020)第034092号

责任编辑：徐 娟　　　　　文字编辑：张 龙
责任校对：张雨彤　　　　　装帧设计：中海盛嘉　　　　　封面设计：刘丽华

出版发行：化学工业出版社(北京市东城区青年湖南街13号　邮政编码100011)
印　　装：涿州市般润文化传播有限公司
787mm×1092mm　1/16　印张13　字数272千字　2024年10月北京第1版第6次印刷

购书咨询：010-64518888　　　　　售后服务：010-64518899
网　　址：http://www.cip.com.cn
凡购买本书，如有缺损质量问题，本社销售中心负责调换。

定　　价：68.00元　　　　　　　　　　　　　　　　版权所有　违者必究

编 委 会

主　编：郭文君　　陈丽芳

副主编：于雯姣　　曲　琛　耿　瑞　王芫滋　赵　婷

参　编：曲纪慧　　董　慧　刘艳君　刘　静

　　　　齐丽娜　　王红微　李　瑞　孙丽娜

　　　　于　涛　　李　瑾　李　东　张黎黎

　　　　孙石春　　王媛媛　付那仁图雅

前　言

　　服装设计师直接设计的是产品，间接设计的是生活和社会。随着科学与文明的进步，人类的艺术设计手段也在不断发展。信息时代，人类的文化传播方式与以前相比有了很大变化，严格的行业之间的界限正在淡化。服装设计师的想象力迅速冲破意识形态的禁锢，以千姿百态的形式释放出来。新奇的、诡谲的、抽象的视觉形象，极端的色彩出现在令人诧异的对比中，于是我们不得不开始调整自己的眼睛以适应新的风景。服装艺术显示出来的形式越来越多，有时还比较玄奥。怎样看待服装艺术、领略并感受服装本身的语言，成为今天网络时代"注意力"经济中的"眼球之战"。服装设计要有很强的审美观和价值观，既然设计出来的衣服是要在生活中穿的，既要美观时尚，又要低调优雅，使服装永远不会落后，所以一名服装设计师在设计服装的过程中要忘掉自己是自己，设计你所想表达的思想。希望读过本书的服装设计师能具备表现自己独特风格的能力。

　　本书共分为7章，主要包括服装设计必知、服装设计的色彩应用、服装的外形、服装款式的局部及整体设计、服装设计的材料应用、专题服装设计、成衣设计等内容。

　　本书作为一本服装设计师的指导书，从最基本的设计讲起，内容丰富，通俗易懂，还配有大量的图片和实例，便于读者从零开始轻松地学习服装设计。

　　本书适合服装从业人员、服装设计相关专业的师生以及广大爱好服装设计的人士阅读与参考。

　　由于编写时间仓促，编写经验、理论水平有限，难免有疏漏、不足之处，敬请读者批评指正。

编者

2019.10

目 录

1

服装设计必知

1.1 服装设计的基本原理

1.1.1 造型原理

　　造型即创造形体，属于艺术形态之一。造型艺术一词源于德语，18世纪的德国哲学家莱辛在他的美学著作《拉奥孔》中使用了这一名词。在德语中，造型原意是"模写"或"制作似像"。它是以一定的物质材料和手段创造的可视静态形象的艺术，如建筑、雕塑、绘画、工艺美术、设计、书法、篆刻等种类。造型艺术的特征存在于一定的空间中，以静止的形式表现动态过程，依赖视觉感受，又被称为空间艺术、静态艺术或视觉艺术，与之相对的音响艺术被称为时间艺术、动态艺术或听觉艺术。造型艺术的上述特征均是由其使用的材料和表现手段决定的。因造型艺术的门类不同，造型创作的特点由其表现手段决定，同时造型创作的特点与表现形式也存在着很大的差异。如画家在创作绘画作品时使用不同的绘画工具和材料，通过具象或抽象的形态、色彩的描绘传达感受，这样的艺术造型形式是二维平面的形式；建筑是通过选用不同材料的加工手法，建造出可供人类居住、生活和工作的适应性空间，并能反映时代科技和风尚的造型艺术品；雕塑家则采用不同硬度的材料，选用不同的创作手法来塑造艺术形态，这是一种具有多维立体造型的艺术形态。

　　服装设计是由造型、色彩、材料和工艺几大要素构成的，各要素之间有着千丝万缕的关系。而服装造型是服装设计中最明显的外观特征。

　　服装造型是指在形状上的结构关系和穿着上的存在方式（图1-1），可理解成服装款式的表现包括了外部造型与内部造型特征，也称为整体造型与局部造型。点、线、

图1-1 以X型为特征的服装

让·保罗·高提耶（Jean Paul Gaultier），2014秋冬高级定制

面是所有造型的基本要素，在服装造型艺术范畴内，它的造型基础是人体，强调它二维或三维空间的形状（图1-2）。因为人体是一个有生命的多维活动体，服装造型便受到一定的限制。另外，服装借助的是面料载体，依附于人体，其造型必须用平面的材料转换成立体的形态，对服装材料的选择、运用以及工艺手段有更高的要求。服装造型是由二维平面向多维立体形态转化的过程，形成了与文学、绘画等其他艺术的差异。但这并不意味着服装造型和人体只是简单的对应关系，它还必须遵循人体运动规律而存在。

图1-2 点线面的构成设计

132 5. 三宅一生（132 5. Issey Miyake）

1.1.2 形式美原理

变化与统一是形式美的总法则。变化统一规律在服装构成上的应用完美结合，是构成服装审美最根本的要求。变化是各要素之间的对比与差异，统一则是个体与整体各要素关系中种种因素的一致与协调。在服装设计领域里，任何一件完美的设计都是变化与统一共存的。所以，变化与统一是一种存在着对比变化因素的协调状态，主要通过平衡、比例、节奏与韵律、视错、主次与强调、夸张、对比与调和等几个方面的内容来显现。

1.1.2.1 平衡

平衡本是物理概念，是物质的平均计量方法，若在同一支点上，两个同形同量或者同量不同形的物体相互保持平衡静止的状态即为平衡。在服装造型上平衡是指以均等的量布置的某一单元的状态，有对称式平衡与非对称式平衡两种形式。

对称是造型艺术中最基本的形式。从构成的角度而言，对称是指物体或图形在某种变换条件下（例如绕直线的旋转、对平面的反映等），其相同部分间有规律重复的现象。因为其符合人体的左右对称结构，所以对称的形式是服装造型中最基本、最常用的一种形式法则。对称具有严肃、大方、稳定及理性的视觉特征，多用于一些端庄、安定和正式风格的服装中。对称是造型设计中最简单的平衡形式，朴素单纯、平稳严肃、大方理性，是运用非常广泛的形式法则。对称形式主要包括局部对称、左右（中心）对称（图1-3）和回旋对称三种。

不对称式平衡不同于对称平衡，它在形状、数量、空间等要素上无等量关系，但其以变换位置、调整空间及改变面积等取得整体视觉上量感的平衡。它丰富多变，打破对称平衡的严肃、呆板，追求活泼、轻松的形式美感，在不对称中寻求相互补充的微妙变化而

图1-3 左右（中心）对称的现代服装设计

艾里斯·范·荷本（Iris van Herpen），2011 "Escapism" 系列

图1-4 均衡原理的服装设计

马沙拉设计（Mashallah Design）与琳达·科斯托斯基（Linda Kostowski），"THE T-SHIRT ISSUE" 设计

形成一种稳定感和平衡感，应用于现代服装设计中，这种平衡关系以不失重心为原则，追求静中有动，以表现出完美的艺术效果（图1-4）。

1.1.2.2 比例

比例是体现整体与局部、局部与局部、部分与整体间的数量比值。当这种比值关系达到平衡状态时，即可产生美的视觉感受。在服装设计中，力求通过合理的造型设计、科学的剪裁及缝制工艺、合理巧妙的色彩、配饰搭配使服装、配件、色彩与人体的比例关系达到平衡（图1-5）。

1.1.2.3 节奏与韵律

节奏是一切事物内在最基本的运动形式。在造型艺术中，节奏、韵律是指造型要素点、线、面、体的形与色有一定的间隔、方向，并张弛有度地按照规律排列，

图1-5 服装内外、上下的比例设计关系

诺亚·拉维夫（Noa Raviv），2016 3D打印高级定制

使得视觉在连续反复的运动过程中感受一种宛如音乐般美妙的旋律，形成视觉上的韵律感并引起关注的因素。这种重复变化的形式分为有规律的重复、无规律的重复以及等级性的重复，三种韵律给人的视觉感受各不相同（图1-6）。

直线与曲线有规律的变化，褶皱重复出现，纽扣配饰点缀的聚散关联，色彩强弱、明暗的层次和反复，这些均会使服装产生一定的节奏感和韵律感，强化突出服装的审美效果。

1.1.2.4 视错

由于光的折射和物体的反射关系或人的视角、距离不同以及人的感官能力差异等原因会造成视觉的错误判断，这种现象称为视错。在服装设计中，借助视错来进行结构的线条处理、面的大小对比、不同材质的拼接等工艺处理，不但可以弥补、调整形体缺陷，突出人体优点，还可以使设计充满情趣，富有创意。在设计上一般认为竖线能将人的视线纵向拉长，所以运用于女性礼服或连衣裙中，使穿着者产生挺拔、修长的感觉（图1-7）；由于横线可以将人的视线横向延伸，因此，运用于男性服装造型中的肩部、胸部等，使其产生宽阔、健壮的感觉。

1.1.2.5 主次与强调

主次是指事物各元素之间的层级关系；强调是事物整体中最明显的部分，具有吸引人视觉的强大优势，通过对应元素的强调，能够强化主次关系。在服装造型设计中，必须有着重表现的重点与相互呼应的要素，形成一种秩序关系，主次分明方可更生动、引

图1-6 结构造型的连续反复

纪梵希（Givenchy），2008春夏

图1-7 结构的分割和不同面料拼接所形成的视错

克里斯托弗·凯恩（Christopher Kane），2014秋冬

人注目。款式、面料、色彩及工艺等多方面均可成为设计表现的重点、主体，并对其加以强调。但要注意的是，服装造型的强调最终是突出设计主题，起到画龙点睛的作用，不可因为故意强调而影响到服装的整体造型和效果（图1-8）。

1.1.2.6 夸张

夸张是在创作过程中，运用丰富的想象，根据主题的需要，对生活中的很多表象进行分解、重组，扩大事物的特征，利用创新思维将实际事物变为理想的新的艺术形象。夸张是艺术创作的一种表现手法。在服装设计中，借助夸张手法，可获得服装造型的某些特殊的感觉和情趣。通常来说，服装造型的夸张部位多在其肩部、领子、袖子、下摆以及一些装饰配件上。夸张的运用应注重其艺术的分寸感，做到恰到好处为宜（图1-9）。

图1-8　面料、色彩的局部强调设计

亚历山大·麦昆（Alexander McQueen），2013秋冬

图1-9　局部夸张的现代服装设计

马丁·马吉拉（Maison Margiela），2018春夏

1.1.2.7 对比与调和

对比是将两种不同的事物对置时形成的一种直观效果。在服装造型设计中通过色彩、款式及面料的对比关系，能够突出强调其设计的审美特征，使服装主次分明、形象生动，但是过

分的对比，会产生刺眼杂乱的感觉。调和则是对造型中各种对比因素所做的协调处理，使其互相接近或逐渐过渡，给人以协调、柔和之美。在服装设计中，对比与调和相辅相成，对比使得服装造型生动而个性鲜明，调和则使得造型秩序统一、亲切柔和（图1-10）。

（a）上紧下松的对比设计　　　　　　　　（b）上繁下简的对比设计

图1-10　对比与调和

🔔 1.1.3 结构原理

1.1.3.1 定义

在服装设计中，往往将服装的轮廓及其形态与部件的组合称为结构。服装结构设计是将服装款式设计的立体构思用数字计算或实验手段分解展开，变成平面的各种衣片结构。正确的结构设计可以充分表达款式设计的意图。将衣片的平面图放出缝份或折边便成为裁剪样板。

1.1.3.2 结构设计分类

现代服装结构设计的基本方法通常可分为平面剪裁与立体剪裁两种。一般而言，平面剪裁有助于初学者认识服装裁剪法和人体之间的关系，为服装结构设计打好基础；立体剪裁则是直接用面料在人体模型上进行衣片结构的处理，做出服装造型变化，塑造立体形态，方便做一些创意或结构复杂的服装。

实际运用中，成衣生产的基本样板制定均是通过平面剪裁制成的，但必须在通过立体试衣调整之后方可进行正式大批量投产。另外，立体剪裁虽然在操作的过程中都是从结构和形式出发的，但是从人台上取下用别针固定的服装，组织与调整服装比例关系还是需要用到平面剪裁的知识。由此可见，平面剪裁与立体剪裁是如影随形的，为了使服装造型呈现出理想的效果，设计师能够结合两者进行调整，以达到自己的设计目的。

1.1.3.3 结构设计的原则

首先，服装结构设计应以完美呈现设计师的意图为首要任务。其次，用何种结构设计方法来表现服装的风格特征、服装的整体轮廓和细节的分割、各部位的比例关系、服装的号型与各部位的规格尺寸等，均需考虑。再次，服装结构设计要注重局部细节结构设计。虽然领口、袖子等这些零部件不是服装主体，但就是这些微小的局部处理得细致得当，常常使服装锦上添花，使其整体风格更加精彩而独具韵味。最后，服装结构设计还需抓住体型特点来展现人体美感。服装结构设计始终是围绕着人的美化和确立大众认可的社会形象而展开的一项工作。人体千差万别，就算先天条件再完美的人，也希望借助服装让自己更加出众。所以服装结构设计师不仅要考虑服装在模型上的美感，更多地要考虑其在人体穿上后的美感。服装结构设计师应学会运用更多造型来辅助、衬托、支撑人体美，不得颠倒主次，画蛇添足。

1.1.3.4 服装结构设计的应用

服装结构设计的优劣直接影响着服装质量的高低，因此，服装结构设计是服装造型的关键要素之一。服装结构设计既是款式造型设计的延伸与发展，又是工艺设计的准备和基础。一方面，其将造型设计所确定的立体形态的轮廓造型和细部造型分解成衣片，揭示出服装的细部形状、数量的吻合关系，整体和细部的组合关系，修正造型设计图中的不可分解成分，改正费工费料的不合理结构关系，从而使得服装造型、工艺趋于合理而完美；另一方面，结构设计为缝制加工提供了成套的、规格齐全的、合理的系列样板，为部件的吻合与各层材料形态配备提供了必要的参考，有利于高产优质地制作出能够充分体现设计风格的服装成品。因此，服装结构设计在整体服装制作中起到了承上启下的作用。服装设计师如果对服装结构设计十分精通，在设计服装时通过对结构的巧妙处理，独到地表达出自己的设计效果，会更加得心应手。

1.2　服装设计的方法与规律

服装经常依赖其他的艺术形式来寻找设计主题，装饰性艺术的豪华富丽、闪闪发光的印象和神秘宗教艺术都是艺术精品，均可用来启发服装设计。无论是探索艺术世界、欣赏家乡的建筑、研究印度的文化，还是观察家里和花园熟悉的物品，这些都会成为新的灵感来源，探求服装设计主题的来源是无限的。

🁢 1.2.1　设计理念与相关主题信息资源的收集与整理

服装的有关资料及最新信息是设计师需要研究和掌握的，资料与信息是服装设计的背景素材，同时也是为服装设计提供的理论依据。

设计师可以参观博物馆或者流连于他人的绘画、雕塑、电影、摄影和书中。互联网的应用使设计师即使在家中或学校里也可获得大量的信息。服装设计的资料有两种形式。一种是文字资料，如美学、哲学、艺术理论、中外服装史、有关刊物中的相关文章及相关影视服装资料等。如旗袍的设计，在查阅和搜集资料时，古今中外有关旗袍的文字资料和形象资料都要认真研究。在一些设计比赛中，某些设计师的设计作品常有"似曾相识"的感觉，或有抄袭之嫌，究其原因就是资料研究得不充分，相似的服装造型在某个时期早已有过。因此，为避免这种状况，设计之前对资料的查阅、搜集和研究力求做到系统、全面。另一种是直观形象资料，如各种画报、录像、幻灯及照片等。好莱坞电影也常常引发时尚潮流，如影星奥黛丽·赫本，从1953年的《罗马假日》起，几乎每演一部电影，都会引起一股新的流行浪潮。

提起赫本这个名字，让人联想到的是纪梵希等一系列设计大师的名字。在拍摄影片《龙凤配》时，赫本与法国女装设计师纪梵希相遇，纪梵希和赫本共同创造出了一个时尚神话——"奥黛丽·赫本风格"。

在寻找灵感时，应避免囫囵吞枣。研究时要有选择，拓展选题时要有节制，这有助于设计主题既接受选题里的观念、知识、理论，同时又能够用自我的方式，重新审核后确认是非。所有的设计，几乎都是在原有作品的基础上，加入创作者新观念的成分后而成就的新作。即打散重构已有的服装元素，运用新的构成形式出现，带来新的视觉冲击力。

在如图1-11所示的现代服装设计中，不管是发型还是服装款式，依旧可以看到赫本时代的经典的影子，这是设计大师约翰·加里亚诺的作品，以新的造型形式引领着时尚。因此，掌握服装的有关资料和最新信息是必不可少的，能够为服装设计提供强有力的理论依据。

1.2.2 掌握信息

服装的信息主要是指国际和国内最新的流行导向与趋势。信息分为文字信息与形象信息两种形式。资料和信息的区别在于前者侧重于已经过去了的、历史性的资料，而后者则侧重于最新的、超前性的信息。对于信息的掌握不仅限于专业单方面，而是多角度、多方位的，与服装有关的信息

图1-11 设计师加里亚诺作品

约翰·加里亚诺（John Galliano），2008春夏

都应有所涉猎，如最新科技成果、最新纺织材料、最新文化动态、最新的艺术思潮、最新流行色彩等。

另外，对于服装资料和信息的储存与整理要有一定的科学方法，若是杂乱无章地随意堆砌，其结果就会像一团乱麻而没有头绪，再多的资料和信息也没有价值。应善于分门别类，有条理、有规律地存放，这样运用起来才会方便且有效。

设计主题的灵感无处不在，可以是海滩上的贝壳，也可以是壮观的摩天大楼，可以是在展览会上，也可以是在巴西里约热内卢的狂欢节上。只要深入研究，这些都会不知不觉地影响设计师的设计理念。

1.2.3 从某一具体实物着手，与自己大脑产生共鸣的设计概念碰撞确定主题

作为一个设计师，应学习以新的眼光看待周围熟悉的事物，从中寻找灵感及创作的素材。一旦领悟，设计就不再神秘，就会发现周围的世界提供了无穷无尽的素材。选择的空

间太过巨大，在开始时可能会感到灰心丧气，但不久就要学会如何在可能成为灵感素材中去选择设计起点。只要是自己感兴趣的事物就一定能够启发设计主题，个人对理念的理解常常会给设计增添激动人心的独特风格。除感兴趣的素材外，还应考虑色彩搭配、面料质地、比例、形状、体积、细节和装饰。这些元素将对选好的素材进行进一步的研究提供重点研究对象，并且能够有目的地对目标主题进行精心设计。

在这个品牌全球化的时代，转向非西方文化寻找灵感有时会令人耳目一新。作为设计师，必须尽可能多地研究各种文化，从中发掘出设计的宝藏。

从新的角度看待事物，一个简单的方法就是尝试不同的尺寸比例。一件常见物品的局部被放大后，可能就不再乏味，而会变得新颖，成为设计创作的灵感素材。因对素材的深入了解，使得设计师的作品有着个人独特的风格。

仔细观察生活，最平常的东西均可激发灵感，例如根据科普书和杂志而得到灵感，然后将这个灵感应用于设计中。所以应学习以新的眼光观察周围熟悉的事物，从中寻找灵感和创作的素材。

1.3　服装设计的造型表达

探索服装造型表达的方法，能够使设计师在设计时更加自由。用笔或颜料绘画是常用的方法。服装绘画是为了适应服装发展应运而生的新的画种，它是为服装设计服务的。服装画通常分为两类：一类是服装效果图，另一类是时装画。

1.3.1 服装效果图

服装效果图是设计师以表现设计要求为目的而绘制的，着重于表现服装的造型、分割比例、局部装饰和整体搭配等。因为服装设计是综合设计，并不是完全靠设计师一个人来完成（特别是成衣），效果图是用于指导后续工作的蓝本。根据设计师提供的效果图，由工艺裁剪师制出服装样板，并裁剪成衣片，缝纫机工按照效果图要求，将裁片缝制成成衣。因此，服装效果图是从面料至成衣过程中的蓝本依据。

此外，服装效果图比较细致准确地表现人和服装结合后的效果，直接且简单地反映穿着后的效果。它也是设计中不可缺少的一个环节，能够省去很多不必要的时间和劳动，凭纸面上的效果图来预测服装的可行性。对那些热衷于自己制作服装的人士而言，根据效果图就可以找到适合自己，又不与他人雷同的服装款式；按照效果图所提供的色彩进行搭配，选择面料，根据排料说明、尺寸数据进行裁剪、缝纫，就可较轻松地给自己做一套满意的服装。

服装效果图的实用目的限定了其表现手法，如图1-12所示，这类效果图应以写实、逼真为主，人物造型不可过分夸张。服装效果图不得只图画面好看，而省略服装分割线、结构线的表现；也不得为了准确表现服装面料本身的色彩，而略去环境色，以固有色形式描绘。

在服装设计图中，除彩色效果图外，还包括黑白平面结构图及服装相互遮盖部分和某些局部放大部分的设计图，有时还应加上按比例缩小的裁剪图。如图1-13所示，设计图应直截了当地表现服装款式的内容和整体的搭配效果。人物以整身形式出现为主，人物的动态力求简单，不得采用影响服装款式效果或易使服装产生较大变形的动态来表达服装效果图。

图1-12 服装效果图（刘玥含作品）

图1-13 服装设计图（潘昱昊作品）

　　服装效果图的宗旨是为表现服装款式、色彩、面料质感等因素，因此效果图中的人是为服装服务的。用人的动态最大限度地表现服装的各个方面，如果能全面准确地表现服装的表象，就算完成服装效果图的使命了。

🧥 1.3.2　时装画

　　时装画与服装效果图的目的相反，它是为了表现穿着者着装后的感觉，因此时装画的精神价值是不容忽视的。时装画是特殊的绘画作品，它的特点是题材非常明确，不是一般的人物画，而是穿着者有时尚设计感的时装人物画。普通的人物绘画并不像时装画中的人物那样怪异，因为一般的人物绘画所要表达的思想感情不一定超前。而时装本身就是一种新奇思想的载体，就它本身而言，能否迅速被认同、赏识还是未知数，没有充分的解释就能理解是不可能的。那么，借助于人物的夸张和变形，就成了时装画的基本手段。

　　想象力与创造力是构成时装画美丽世界的两大支柱。如图1-14所示，时装画必须运用丰富的想象力从异于常人的角度来艺术化地表现所领悟的时代风尚，并在时装画中创造性地将服装、穿着者与环境之间的关系呈现出来。好的时装画可以让观者感受到当时的社会气息，能够明显地感受到不同的时代精神。时装画中凝聚了很多设计师的个人感受，人物动态、服装款式、色彩都是一种心态和情感的表现。

　　虽然时装画和服装效果图都具有实用和审美属性，但在二者身上却呈现出不同的侧重点。就实用属性而言，时装画以目标定位群体的生活状态为述说对象，力求使服装产品和消费者产生共鸣，通常是商家将自己的产品风格化、艺术化地传达给顾客的一种手段，它是理想的美化设计的方法，以达到促销目的。而服装效果图的实用属性则是在设计观念与完成的服装之间搭起一座桥梁，它蕴涵着工作的流程。某种程度上，服装效果图具有时空效应。它使得思维视觉化，让设计师借以检验设计是否已经完善，并且指导着下一步的工作。同时，因为服装的完成品和效果图通常是有着一定差异的，所以它并不是最终的结果，而只是一个记录的过程。

图1-14　比茹·卡曼（Bijou Karman）的时装画作品

1.4　服装设计的条件与定位

1.4.1　服装设计所需考虑的几个条件

现代的服装设计，只有在合理的条件之下，方可发挥出设计的最佳效果，进而创作出实用与美观兼顾的优秀服装设计作品。要达到和实现这样的目的，在进行服装设计时，需考虑以下六个方面。

（1）何时穿着　何时穿着指穿着衣服的季节和时间。即在春、夏、秋、冬四季和白天或晚间穿着。

（2）何地穿着　何地穿着指穿用衣服的场所和适用的环境。

（3）何人穿着　何人穿着指穿用者的年龄、性别、职业、身材、个性、肤色等方面。

（4）何为穿着　何为穿着指穿用者使用衣物的目的。

（5）何用穿着　何用穿着指穿用者的用途。即穿用者根据着装的需要而决定服装的类别。

（6）如何穿着　如何穿着指如何使穿用者穿得舒适、得体、满意。这也是服装设计的关键所在。

以上六个方面是服装设计的先决条件，是服装设计师在从事服装设计时必须从顾客处得到的具体内容。依据此内容，设计师方可按照顾客的要求，进行服装设计的效果展示。其具体过程如图1-15所示。

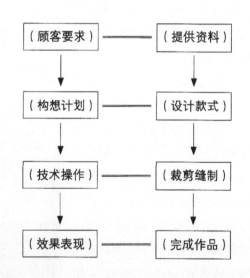

图1-15　按照顾客要求进行服装设计的过程

1.4.2　服装设计的定位

服装设计的定位是建立在服装设计的先决条件基础之上的，即服装产品的消费阶层和不同消费阶层的消费取向。只有在此基础上，才能对服装设计进行科学的定位和新产品的开发。其内容如下。

1.4.2.1 确定产品的类型

（1）确定产品类别　根据服装市场的消费特点、流行趋势和潜在消费群体的购买能力，结合服装生产企业自身的生产结构特征，合理确定服装生产的类别，是休闲装、运动装还是裙套装或裤套装等。

（2）确定产品档次　确定产品的档次关键在于企业自身的条件，它包括企业的生产规模、生产手段、技术的先进程度、人员的综合素质、设计的能力、管理的水平以及市场占有率的情况等多方面因素。在服装的生产及设计过程中，应依据这些因素来合理地安排产品的档次。不能不顾企业的实际情况，盲目地提高或降低企业产品的档次，给企业的经营发展造成不必要的损失。

（3）决定产品批量　当服装的类别、档次被确定以后，应依据产品的销售地区、消费阶层来制定合理的产品生产数量，是小批量还是大批量。

（4）设定产品的价格　产品的价格需以产品的产值成本为基础，结合产品在市场上受欢迎的程度及消费者实际的购买能力来合理地设定，从而起到以价格来进一步推动市场消费的作用。

1.4.2.2 确定产品的风格

（1）确定产品的造型特点　在市场消费过程中，那些有特点、有个性的服装产品可以吸引消费者的注意。确定服装造型在哪一方面具有独立特色，应以市场的需求为准则。既可以以表现服装的款式造型、色彩配制为主要特点，也可以以表现服装的工艺处理、面料组合为特点，或是以装饰搭配等其他方面为主要特点。

（2）制定产品质量标准　产品的质量标准是检测产品生产质量的依据，是产品质量的保证条件。服装产品的质量标准通常从以下几个方面来制定，即服装款式造型的机能标准、主辅面料的理化标准、样板的尺寸规格标准、缝制的工艺标准，以及成品后整理的技术参数标准等。

（3）确立产品的艺术风格　产品的艺术风格主要是由产品的美观性能所决定。它体现着一个生产企业在产品生产、开发过程中对产品风格的确立。这种被确立的产品风格一旦被消费者所认可，就意味着该企业及其产品在消费者心目当中树立起了良好的形象。所以，确立服装产品具有何种艺术风格，对于服装生产企业的发展至关重要。

（4）确立产品品牌特征　一个好的产品品牌是质量和信誉的保证。确立新颖有特色的产品品牌，能够强化人们对产品的认识，吸引消费者对产品的兴趣，增进购买欲望，达到促进销售的目的。

1.4.2.3 制定产品的营销策略

（1）市场定位　市场定位即产品的定位。服装生产企业在确定自己产品的市场定位以前，应切实地了解和掌握市场上同类产品的特点和竞争力度，以及这类产品在不同消费市场所受欢迎的程度。然后，针对自己企业的生产能力、销售渠道及促销手段等方面的情况，合理地进行产品的市场定位，以确保产品的顺利销售。

（2）销售方案　制定合理的销售方案是保障企业顺利发展的重要条件之一。它包括产品投放的时间、数量、渠道、地点等方面。在制定销售方案时，首先是准确把握产品的市场定位，然后选择最佳的时间，安排最合适的批量，选择最畅通的途径将产品推向市场，从而实现使企业获得最大经济效益的目标。

（3）销售路线　销售路线指的是根据产品的类型、特点及不同消费阶层的购买能力，而选择的销售区域以及进入这一区域的方法。例如是批发、零售，还是专营、兼营等。

（4）促销手段　促销手段指的是服装生产企业为了促进其产品销售而采取的各种方法。这些方法基本上分为两种：一种是利用各种媒体广告的形式来介绍产品的特点，起到引导消费的作用。另一种是利用服装本身所具有的传播功能，通过举办服装展示会、赠送样品、发放纪念品等不同的形式，起到推动产品销售的作用。

1.4.2.4 制定产品开发的规划

（1）对老产品进行评价　根据现有产品在市场销售过程中所反馈回来的各种情况，进行科学的综合分析和评价。确定现有产品在市场竞争中的优势和不足，再提出具体翔实的改进意见和措施，包括调整生产结构、降低产值成本、变更促销手段、改进生产工艺等方面，以使老产品在市场竞争中维持较长的生命力，使企业获取更多的利润。

（2）确立新产品发展的目标　是指在现有产品生产经营的基础上，确立新产品的发展规模、速度、开发步骤以及时间顺序的安排。

（3）确立生产企业的发展战略　指的是生产企业根据自身的现有条件，从宏观的角度制定发展目标和规划，即预计在何时，企业应发展到何种程度。具体内容包括：企业的发展规模、高科技的生产手段、人员的素质提高、新产品开发的能力、技术的储备、企业的知名度、产品的市场占有率、员工的工资收入等方面。

1.5　服装设计的基本手法

服装设计的基本手法主要包括主题构思法、素材构思法、以点带面法和同形异构法等。

1.5.1　主题构思法

在服装设计中一般需要先确定一个主题，然后在此基础上进行构思，这就是主题构思法。主题可以是一首歌、一部电影、一种物品、一个民族元素等。选择具体的设计主题，例如建筑、瓷器、动物、花卉等，抓住其特征或打动自己的点。根据这些具体的感觉来构思服装的造型和元素设计，然后进行联想，需要用到何种材质、颜色和款式来表现这个主题的氛围、这个作品的效果，并通过服装具体的造型和设计元素来体现主题的整体感觉（图1-16）。

图1-16　以战争与和平为主题的高级时装设计

维维安·韦斯特伍德（Vivienne Westwood），"别自寻死路"（DON'T GET KILLED），2018秋冬系列

📖 1.5.2　素材构思法

素材构思法就是以某一时期的服饰文化或某一民族、某个地区的服饰文化为基本素材，借鉴并吸收其中的某些因素，如色彩、造型、配饰、装饰图形等，与现代设计观念和服装造型相结合进行综合性的设计构思。素材是设计师构思创作的源泉，是设计师获得设计灵感和设计诱发及启迪的必要手段。服装素材形式可分为两种类型：第一种类型为有形素材，如自然界的山川、花草、动物等，人造的物体（如建筑、场景、生活用品等），社会文化生活的某个领域、某个现象、某个方面（如科技、文化、环保、日常用品等）；第二种类型是无形的素材，如诗歌、绘画、音乐、电影等（图1-17）。

👕 1.5.3 以点带面法

从服装的某一个"点"入手，从而把握服装的整体造型。例如先从一个自己觉得理想的领子、袖子、口袋等着手，逐渐地设计出服装的其他部位，使服装的整体均顺应着最开始的入手点（图1-18）。

👕 1.5.4 同形异构法

同形异构法是将同一种服装廓型，进行多种的内部线条分割，这种方法被称为服装结构中的"篮球、排球、足球"式（球的外形都是球体，但是有着不同的内部线条分割）处理。使用同形异构法应注意把握服装款式的结构特征，线条处理合理有序，使之与服装的外轮廓协调（图1-19）。

图1-17 以日本折纸为素材的高级时装设计

斯蒂芬·罗兰（Stephane Rolland），2013秋冬

图1-18 以花朵为元素的整体设计

亚历山大·麦昆（Alexander McQueen），2007春夏

图1-19 同一个廓形的不同设计

博柏利（Burberry）广告，马里奥·特斯蒂诺拍摄

1.6　服装设计的基本元素

1.6.1　造型元素

服装造型设计就是运用美的形式法则将各种各样的织物、色彩、形态以各种不同的形式排列组合，形成完美的造型过程，在视觉上形成不同的反应。

服装造型属于立体构成的范畴，点、线、面、体是形式美的表现形式，是构成服装造型的四大基本要素，这四个元素各自独立而又互相关联。

1.6.1.1　点

与几何学中的"点"不同，服装造型中的"点"是指在整体造型上分割出来的相对细小的形状，也是在造型设计中最小、最简洁、最活跃的元素。它无方向，却有标明方向的作用，具有突出、引人注目的特点。

点在造型中的存在是多种形式的，从设计意义上而言，点的视觉感受在于它的不同位置、形态、排列以及聚散变化而非点的形象。在服装造型中，小至纽扣，大至饰品，均可被视为点元素，恰当运用即可产生画龙点睛的作用。以辅料作为点元素，例如珠片、纽扣、铆钉等，通常既美观又实用；以饰品作为点元素既能点缀不同风格的服装，更能衬托出穿着者的个性和气质；以面料上的图案、装饰等作为点元素，往往能够让服装更加新颖别致，成为整件服装中的设计亮点（图1-20）。

图1-20　纽扣的排列设计所形成的点

赛琳（Céline），2014秋冬

1.6.1.2 线

点的移动轨迹构成线。线是一切设计的基础，是构成形的基本要素，它在造型中具有长短、粗细、面积、位置以及方向的变化。线又分为直线与曲线两大类，线本身是没有情感的，但因为线的不同形态与特征，在造型艺术设计中的不同组织和排列变化形成丰富的造型效果，会让人产生不同的感受，如错视、错觉、均衡比例、旋律强调及趣味美感等。

在服装造型中，线的形态构成可表现为外轮廓造型线、分割线以及各种省、缝、折裥、装饰线、面料上的图形线等。

服装外廓型中经典的A、H、O、T等造型特征均是以外造型线的变化来显现的，造型线条是构成服装整体外形特征的形式。人体上的结构线是立体形态的，具有透视关系。造型线设计时应合理想象平面立体的相互转换。服装外轮廓的外造型线还会因服装材质的不同而产生不同的效果，因此也应加以考虑。

图1-21 以线的布局为特点的成衣设计
a.KNACKFUSS，2015秋冬高级成衣

分割线分为服装结构分割线与装饰分割线，可借助分割线的视错原理美化人体，创造出理想的比例及完美的造型。对于服装的分割线，可以运用其形态、位置及数量的不同组合，形成服装的不同造型及合体状态的变化规律。

工艺、材料所产生的线条如绲边、绣花、面料褶皱而形成的衣纹以及面料上的图案纹样广泛应用于服装，具有极强的装饰效果（图1-21）。

1.6.1.3 面

线的移动轨迹形成面，造型中的面具有二维空间的性质，有平面与曲面之分，可以有厚度、质感和色彩。面的作用在于分割空间，服装中的面分为结构面和装饰面。结构面的造型设计必须首先满足人体的合体及舒适性；装饰面则从属于服装结构面，即在结构面上做加法的处理，使服装在原有的结构上产生具体、生动、夸张的艺术效果，表现设计的独特（图1-22）。

1.6.1.4 体

体是由面与面结合构成的，具有三维空间的概念，不同的形态具有不同的个性。服装中体的造型主要通过面面合拢、面面重叠、面面嵌入，面的卷曲、点的堆积、线的缠绕和编结，材料的填充，点、线、面经工艺处理构成的空间以及面料再造的方式体现（图1-23）。

1.6.2 廓型元素

廓型就是全套服装外部造型的大致轮廓，是视觉所感受到的服装和外空间的边缘线，即服装的外部造型剪影，即服装体积的大小及形状。廓型是服装造型的根本，服装造型的总体形象是由服装的外轮廓决定的。服装廓型的变化影响着服装流行时尚的变迁，是时代风貌的一种体现。服装廓型的设计可曲可直，廓型的塑造根据面料的特点可以是松、紧、软、硬等。服装的廓型折射出时代的审美感和流行的变迁，同时能够体现出设计师或品牌的风格特点。

廓型分为物象形与字母几何形，物象形指的是如鱼尾形、喇叭形、郁金香形等模拟自然生物形态或人工形态创作的廓型；字母几何形包括H型（箱形）、T型（梯形）、A型（三角形）、X型、O型（圆形）等。服装廓型的设计深受不同物体的外部形态影响，设计师应善于从生活中去借鉴和提取其他物的廓型特点，结合人体本身的特点进行新的廓型的变化及设计（图1-24）。

图1-22 以不同面的穿插和组合为设计特点的成衣设计

越南设计师Nguyen Cong Tri，2017秋冬Em Hoa系列

图1-23 体的造型在服装设计中的运用

图1-24 深受现代建筑影响的服装廓型设计

贾纳尔·朱科夫（Janar Juhkov），"十二月"（December）系列

🔲 1.6.3 结构元素

　　服装的结构元素主要指的是服装造型线，而服装造型分为服装的外部廓型设计与内部结构设计，外部廓型进入视觉的速度和强度明显高于内部结构，但服装的内部结构起到画龙点睛的作用，是对外部廓型的丰富、充实。内部结构更多地体现形式美的法则，让人领会到服装细节的精致合理。

　　服装结构线不论繁简，都是由直线、弧线和曲线三种结合而成的。结构线分为省道线与分割线。省道线是根据人体起伏变化的需要，将多余的布省去，制作出适合人体形态的服装。省道是围绕人体凸点而做成的，形状为三角形。人体各部位的省道包括胸省、腰省、臀省、后肩省、腹省、肘省等。分割线是结构线中位置最自由、变化最丰富、表现力最强的一个类型。其中，经过人体凹凸的分割线具有省道的功能，它是在省道的原理上，利用衣片的分割来进行余缺处理（遇缝藏省）。分割线可分为垂直分割、水平分割、曲线分割、斜线分割及非对称分割等（图1-25）。

🔲 1.6.4 细节元素

1.6.4.1 领

　　由于领接近人的头部，是视觉注意的中心，因此领的设计十分重要。按领的结构特征可分为立领、翻领、翻驳领和领口领四种基本类型。

　　（1）立领　立领结构比较简单，具有端庄典雅的情致。多运用于女士上衣、旗袍及学生装中。

　　（2）翻领　翻领是领面向外翻折的领型，可分为立翻领（领座与领面分开）与连翻领（领座与领面相连）。翻领的应用十分广泛，立翻领多用于衬衫、中山装等，显得挺拔精神；连翻领多用于运动衫、夹克，显得休闲轻松。

　　（3）翻驳领　翻驳领是领面与驳头一起向外翻着的领，常用于西服。翻驳领通常比其他领大，线条明快流畅，在视觉上给人以宽阔、大方、精干的感觉。

　　（4）领口领　领口领仅有领圈而无领面，它可以与适当的领片配合塑造领形，也可以单

图1-25　现代成衣设计结构线的变化

斯蒂芬·罗兰（Stephane Rolland），2009秋冬

独作为领形，领口简洁，利于展示脖颈美，多用于女性夏装、晚礼服、T恤衫上。

将四种基本领形拆分组合，还可以变化出很多别具一格的新领形（图1-26）。

1.6.4.2　袖

袖的造型对服装款式变化影响很大，袖山、袖身、袖口的造型则是决定袖造型的关键。

（1）连袖　连袖是袖子与衣身直接相连的一种袖型。通常比较宽大，穿着比较舒适。连袖常被认为是最具有东方韵味的一种袖子，常用于表现东方文化的主题设计之中。

（2）圆装袖　圆装袖也称西装袖，是一种袖子和衣身分开裁剪的袖型。圆装袖的造型充分考虑了上肢形态和活动规律，并使其圆润、庄重和适体，但其仍然会对手臂的活动有所制约，所以多用于手臂活动量不太大的、风格端庄的服装中。

（3）平装袖　平装袖也称为衬衫袖，它也是袖片与衣身分开的一种袖型。但平装袖的袖山弧线长度与袖窿弧线几乎相等，通常一片袖成型，造型较宽松，可运用于比较休闲的服装。

（4）插肩袖　插肩袖可以理解为将平装袖的袖窿弧线的形状、位置改变，使得上衣的肩部与袖连成一片，给人以流畅、修长、富于变化的感觉。插肩袖在现代服装设计中运用非常广泛，不仅适于自由宽松的服装，在一些相对适体的服装中也十分常用。

（5）袖口袖　袖口袖即以袖窿为袖，它的设计重点在于袖口的工艺处理及装饰点缀（图1-27）。

1.6.4.3　口袋

口袋是经常使用的零部件，它不仅具有实用功能，也具有一定的装饰功能，主要包括贴袋、挖袋、缝内袋三种。

（1）贴袋　贴袋即贴缝在服装表面的袋型，具有制作简单，变化丰富，装饰性强等特点。

（2）挖袋　挖袋的袋口开在衣片上，而袋身则在衣片里。

（3）缝内袋　缝内袋的袋口夹在衣片和衣片的缝合线中，袋身也在衣片里，若不强调袋

图1-26　领形设计体现流行趋势

安普里奥·阿玛尼（Emporio Armani），2012春夏

图1-27　富于变化的袖子设计

华伦天奴（Valentino），2012春夏高级定制

口的表现，一般会显得很隐蔽，所以，在需要袋的实用功能而不太注重其装饰功能时可选用缝内袋（图1-28）。

1.6.4.4 门襟

门襟按照其宽度及门襟上扣子的排列方式可分为单排扣门襟和双排扣门襟；根据其结构特征，可分为通襟和半襟；根据开襟位置还可分为正开襟、偏开襟及插肩开襟。门襟的形态结构应与衣领、大身相协调，不然不仅会制作困难，还会影响造型美（图1-29）。

1.6.4.5 襻带

襻带在服装中较少用。若襻带用于男装肩部能夸张肩部的宽度，展现穿衣者的魁梧体魄，用于女装肩部则增添女性的中性帅气味道；用于腰部能够突出腰部的曲线；用于袖口，能够使袖口富有变化，也方便穿衣者的活动（图1-30）。

图1-28　口袋设计的变化成为服装的重点

杰弗里·B.斯莫尔（Geoffrey B. Small），2017秋冬男装

图1-29　简洁又富有特点的门襟设计

卢茨·休勒（Lutz Huelle），2016秋冬

图1-30　肩襻的设计和点缀

维果·罗夫（Viktor & Rolf），2013秋冬

在实际的服装设计中，领、袖、袋、门襟、襻带是服装不可分割的整体，只有把它们巧妙地结合起来，才能使服装产生美感。

1.6.5　材料元素

1.6.5.1　材料的种类

材料是服装中不可缺少的构成要素，它不仅是实现设计师设计构思的物质基础，更可以使服装超越设计图上的效果。在服装材料日益丰富的今天，怎样充分发挥材料的本质特征去表现服装的外观美已成为设计师不可忽视的内容。

（1）棉、麻织物　棉、麻织物是人类使用最早的服装材料，其外观具有粗犷、质朴的风格。针织棉织物因吸湿性、透气性和弹性较好，非常适宜于内衣；而梭织棉、麻织物则适于设计轻便、舒适的休闲装。

（2）丝织物　丝织物通常具有轻柔高雅、雍容华丽的外观风格，是设计高档服装尤其是高档女装的首选材料。用丝织物设计服装，要格外注意里衬的选择，里衬的色彩、厚薄、软硬度等都要以不损坏丝织物面料的穿着效果为原则。采用丝织物设计服装应多利用丝织物悬垂性好、光泽优雅的优点，并尽可能减少分割，否则很容易留下难看的痕迹。

（3）毛织物　毛织物俗称呢绒，具有沉稳、庄重的风格，用其设计服装不宜过多使用抽褶，但如果呢绒较薄，则可以采取抽褶的方式减弱呢绒的庄重、成熟感。过分花哨的装饰不适合呢绒，而明显的轮廓、简洁的分割线却非常适合呢绒服装。

（4）裘皮　裘皮是制作高档服装的材料。随着纺织技术的发展和人们环保意识的增强，人造裘皮几乎能够以假乱真，也逐渐受到了人们的欢迎。因为裘皮质地蓬松、柔软，不宜设计较复杂的结构，所以裘皮服装的设计应追求高雅、简洁的风格。裘皮服装设计也可以采用和其他材质拼接的方法，使服装材料有机结合起来，产生较强的肌理对比，以丰富服装变化。但由于裘皮的绒毛与光泽使裘皮呈现出成熟丰满的特征，在裘皮与其他面料组合时，应注意整体风格的一致，色彩的对比不宜过强，与之组合的材料应以皮革、呢绒或丝绸为主。

（5）皮革　皮革是刮去毛，并经过鞣制加工的兽皮。因为动物的种类、生长时间、生产条件以及皮子剥取季节不同，其大小、质感也会不同，再加上生产过程中无法避免的损伤、染色等，制作一件皮革服装往往需要多次挑选、拼接。所以皮革服装的设计可采用多块面分割的形式，这样既能与皮革的外观风格协调，又可以适应生产的需要。

1.6.5.2　材料的肌理形式

若用同种材料制作服装，其色彩相同，表面肌理也相同，会使人感到平淡而单调。因此，应尽可能采用各种技巧使同一块面料产生不同的肌理，并将它们运用到服装的相应部位，避免材料表面肌理过分一致而使服装平淡无奇。让同一材料产生不同肌理的方法有以下几种。

（1）抽褶　用线或松紧带将材料抽缩，使材料表面产生很多皱纹或碎褶。

（2）折叠　将材料有秩序地折叠起来，使材料表面出现有规律的条纹或方格等图形效果。

（3）镂空　抽去织物的部分经纬线，或在皮革、毛皮、呢绒等比较厚实的材料上挖洞，均可以产生不同的效果。不过要处理好镂空的边缘，以保持镂空的美观度。

（4）编织　将材料裁制成条带状，然后将其编织成具有一定图形的块面。

（5）浮绣　将薄薄的棉花或类棉花的物质垫在比较柔软的面料下面，然后将材料的表面缉绣成所需要的图案，材料的表面会出现类似于浮雕效果的肌理（图1-31）。

同一种材料用不同肌理的手法设计服装，要注意一些法则。例如要让未变化的部分和变化的部分有一定面积差；肌理的变化要注意整体的均衡，可以让肌理的变化在一套服装中多次出现，使服装在造型上产生呼应和节奏感。

通常情况下，外观差异大，而风格、厚薄、软硬程度接近的材料拼接在一起，容易产生视觉上的平衡，如呢绒与皮革、灯芯绒与同等厚度的针织罗纹布。如果拼接的材质分量少而差异又较大，则应调节它们之间的面积差，通常让"轻"材质占有更大的面积，而让"重"材质占有较小的面积，以达到视觉上的平衡。

用不同材质拼接还需注意让其中一种占有较大面积，使其起到主导的作用，以突出材料的特征，体现服装的整体风格（图1-32）。

由于不同材料之间存在较大差异，因此为了调和因这种材质差异感而引起的不平衡，可以使色彩相近或相同的不同材料。同色而不同材质的组合，更容易产生和谐的美感。

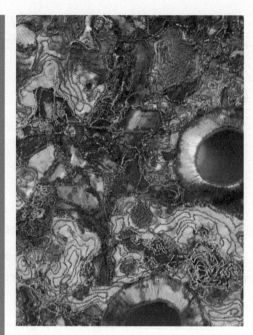

图1-31　苏·霍奇基斯（Sue Hotchkis）设计的面料细节

图1-32　不同材质的组合和拼接丰富了服装的视觉设计效果

维果·罗夫（Viktor & Rolf），2016秋冬

👕 1.6.6 服装设计创造性思维方式

创意设计是根据素材的形象或内在的精神加以变化的过程。在设计中，多向思维是构成创意设计的中心。

设计思维是指构思的方式，是设计的突破口。创意和思维密不可分，思维是创意之母，创意是思维的结果。设计师思维的活跃程度、灵活性直接影响到设计实践的结果。创意的深度、广度、速度以及成功的概率，在极大程度上决定于思维的方式。而且多种思维方式并非是孤立存在的，在设计实践过程中，可能需要综合运用几种思维方式，方能更好地实现设计。

1.6.6.1 具象思维

具象思维又称为形象思维，是以具体形态或结构为重点，以"拷贝""模仿"的联想方式，将设计形态与具象形态结合起来，最大限度地再现灵感素材的本来形象特征，以此表现素材的具体形态。具象思维在服装设计中较常用，能较直观地再现素材的原形，反映出人、服饰和素材之间的联系。具象思维方法并不要求设计作品要完全与素材一致，而是通过一些变形或者采取某一局部或大体相似，以此来表达设计特点。具象思维设计方法又分为加减法、拆解组合法及自然摹仿法。

（1）加减法　加减法不过多地变化素材形体，而是利用其进行大小不同的组合。这种方法能够强调素材在设计中的增减，使其表现出体积感、量感和形态美等固有的形式美感。

（2）拆解组合法　拆解组合法是选择一种或几种素材，在该基础上拆解打破原有的素材形态，根据设计主题需要将其巧妙地组合变化成为一个有机的整体，创造出新颖的设计形象。采用拆解组合法时，应注意避免古板的机械组合，对素材形态进行择优，拆解组合方可出奇制胜，得到意外的惊喜。

（3）自然摹仿法　自然摹仿法即摹仿自然形态，直接表现出素材在人与服装上的外在形象，突出设计的写实性。巧妙地运用自然摹仿法，通常更能烘托出设计主题的氛围，拉近人与素材的距离，展现出自然朴实的形象（图1-33）。

图1-33　模拟物品的具象思维设计作品

亚历山大·麦昆（Alexander McQueen），2006秋冬

1.6.6.2 抽象思维

服装设计更注重抽象思维来表现作品，抽象思维可以概括、简洁地提炼素材的本质特征，表现素材的精神内涵，从形式上达到似与非似的突变创新。当根据素材进行联想创意时，首先要对原有素材的形象进行"破坏性"的拆解，只有变异方可达到抽象化的设计效果。这种"分解"和"变异"再到"重组"均是抽象思维的体现。素材经过抽象思维想象提炼甚至转化成与其有关的新的形象，突出其重要的形象特质而忽略其真实形状时，即可认为它被"抽象化"了，也可称为"风格化"了。这种提炼需要依靠设计师的主观意识对作品进行抽象思维设计，在作品中自然形成个性，而这种个性的抽象化设计必然形成设计作品的风格。所以，抽象思维的设计是高层次的设计思维拓展，是在形象思维基础上的一个飞跃，体现人类高层次的艺术创造力和对素材的创新。

从具象思维到抽象思维的运用过程是一个飞跃。抽象思维需要设计师更加深入领悟理解素材的内在含义，对其进行提炼，在不断探索中蜕变出创新设计。抽象思维设计方法又可分为转移法、变异法和夸张法。

（1）转移法 转移法即抓住素材的特点，改变其原有形态，提取其颜色、线条或其他局部特征，运用于服装设计之中，如此方可让服装设计更具有主题性和趣味性。

（2）变异法 变异法是在改变素材原有形态的基础上，抓住素材的内在意义，将素材最鲜明的特征带来的感受用抽象或具象的方式表现出来，即对素材原形进行刻意的强调、变形。

（3）夸张法 夸张法是利用素材特点，通过艺术手法将其原有的形态进行改变，以更符合设计主题的定位，同时也达到一种形式美的效果，是一种化平淡为神奇的设计手法。在服装设计中，夸张的手法较为常用，除了整体造型外，面料、装饰等细节均可用夸张手法。但需要注意的是，夸张也需要掌握好尺度，太过就会哗众取宠。此法比较适合用于表演性服装的设计（图1-34）。

图1-34 深入领悟理解素材的抽象思维方法设计的作品

艾里斯·范·荷本（Iris van Herpen），2019秋冬

服装创意的思维是感性的，也是理性的、复杂的创造性思维，具有非逻辑性、非程序性的特点。在服装创意思维的因素中，直觉、灵感及想象是最重要的思维因素，它们在创意中常常起突破性、主导性的作用，正是由于这些作用，服装创意思维才会呈现出多层次、多角度的特点。在服装创意思维过程中，创意火花的闪现均是多种因素同时或错综地起着作用，既有建立在对比联想基础上的想象活动，也有灵感迸发的情趣激动以及对问题获得深刻理解的直觉顿悟。

想象是一个人创意思维的丰富性、主动性及生动性的综合反映，是一个人创作思维能力的主要表现。丰富而浪漫的想象力，是创意思维不可或缺的主观条件。想象是一个不受时空限制、自由度大、富于联想与创意的思维形式，它能够由外界激发内心感受，也可以由自己选择的方式引起发生。服装的创意需要想象，没有想象，就不会产生丰富的联想及创意。在创意服装构思过程中，常常是由既定的素材产生与素材相关的联想与遐想，由感性的思维带动内在的激情从而延伸出一连串的新的形式和内容。不经想象地再现现实生活中视觉形象的，并不是创意设计的追求。低层次表面地模仿素材的造型，是最初层次的创意，只有通过想象方可达到对素材本质的理解、提炼和概括，达到形象的构思和再造。

直觉是创意思维结构中最具活力、最富有创造性、最有发掘潜力的因素之一。直觉可指遵循判断者没有意识到的前提或步骤进行的判断，尤其是那些他所不能诉诸语言的判断。即使从一些毫不相关的事情中，也会获得莫大的启示，重要的是培养自己敏锐的直觉力。有了直觉，即可在收集和整理服装资料时，瞬间捕捉到、感受到所需要的服装资料和信息，引起强烈的兴趣和注意力，进而关注、研究它。运用直觉思维因素，既可获得新的启示，又能拓展设计思路，在感受和吸收新元素的前提下，创作出具有现代意识的作品。

1.7　款式设计的方法与步骤

1.7.1　集体创意的设计方法

这是近年来被广泛应用于设计界的一种集体创意的思考方法，也是集众人的聪明才智来完善每一件设计作品的方法。在运用这种集体创意的方法时，参与人员必须遵守以下几个方面的规定：不可批评他人所提出的改进构思；尽可能探求自由新鲜的想法；设计创意的量越多越好；欢迎改善或结合他人所提出的想法。

这种方法是在每一季节来临前，企业进行新季节产品风格策划时或在每组新的款式样品制作完成后，由公司计划部、设计部、打板部、样品制作部、销售部等部门的工作人员来共同研究商讨该产品的优缺点，并提出改进意见，直到该产品尽可能达到完美的境界。然后，决定大量的投产、推出销售。参与研讨的小组成员通常为5~10人。样品先由模特试穿，在每个人面前展示，小组成员对该产品的用料、色彩、造型、大小、长短等均可提出个人的看法与意见，并进行充分、自由的讨论。其讨论内容和结果由工作人员记录下来，以便作为改进的依据。在小组会议中，每个人都应提出自己的看法，并且最好还能尝试着将他人所提出的想法与自己的想法结合起来，以构思出新的生动的创意。

虽然这种集体创意的设计方法实施起来看似简单，但应用的范围却非常广泛，特别是在所要研究的问题仍不明朗或无法确定时，很容易得到解决问题的方法。

🎽 1.7.2 个人设计构思的方法

每个人的构思模式及设计方法虽然会因其自身的条件和习惯的不同，在具体操作过程中有所差异，但总体只有两种基本形式，即由整体到局部和由局部到整体。

1.7.2.1 由整体到局部

这是设计构思时最常用的一种方法。其特征为在设计过程中，首先根据已知的条件，构思出一个总体的框架（方向定位）；再根据这个总体的思路，进行各局部的设计，直到最终实现设计的要求。例如图1-35所示，从设计的前提要求中可知，此设计的总体思路应定位于礼服。服装除要保持其实用性的基本功能外，还应重点反映服装的礼服特点，以便达到服装和环境相适应的目的。因而在具体的设计过程中，应以总体定位为依据，无论在款式的造型、色彩的搭配、面料的选择，还是在各局部的装饰方面，围绕着礼服这一主题进行构思，并在造型过程中进行体现及落实，最终达到设计要求的目的。

1.7.2.2 由局部到整体

这种方法和前者不同，它事先既无整体的构思设想，也无设计要求及条件。由局部到整体是由于得到某一种灵感或受到什么启示，进而想象出服装的局部特征，然后将这种局部的特征进行外延扩大化的展开，从而构思出完整

图1-35 多里南·梅斯克里（Dorinane Meskeri）服装设计效果图

的设计。这种方法带有很强的偶然性与探索性，虽说比较冒险，但是由于设计师是怀着一种浓厚的兴趣和自信心去体验、追求和创作，因此，也是一种较为常用的方法。

除上述方法外，服装设计师在进行设计构思时，还常用下列方法来展开思考探索。

1.7.2.3 观察法

（1）缺点列记法　这是将现存的缺点列记出来，通过改良或去除，使产品达到更加完美的一种思考方法。

（2）优点列记法　该法列记出优点，使这些优点可以发扬光大，进而影响整个产品设计的方向。

（3）希望点列记法　该法找出产品能做进一步发展的希望点并且记录下来，然后进行探讨，以求得能在原有基础上有新的发展。

1.7.2.4 极限法

（1）形容词　如大与小，高与低，长与短，粗与细，轻与重，软与硬，明与暗，多与少等。

（2）动词　如重叠、复合、移动、变换、分解、回转等。

1.7.2.5 反对法

反对法从反对的立场思考，共分为七个方面。

（1）把居于上面的设计移至下面　例如将肩部的装饰手法用于裙子的下摆，并检查其效果。

（2）把左边的设计转移至右边　例如把左边的分割线转移到右边，并检查其效果。

（3）把男性用品变为女性用　例如香奈尔将海军领的设计变成女用时装的活泼样式。

（4）把高价物变为廉价物　例如采用比较廉价的面料取代高档面料，来制作相同的款式，以降低成本。

（5）把前面的设计转移到后面　例如把罗马领改变到背部，并检查其效果。

（6）把表面的部分转移到里面　例如把口袋或纽扣由衣服的表面安装到里面，并检查其效果。

（7）把圆形设计变为方形设计　例如将圆领口变成方领口等，来检查其效果的变化。

1.7.2.6 转换法

指尝试将某种物品作为解决其他问题的想法。例如能否使用到其他领域，能否使用其他材料来替代等。

1.7.2.7 改变法

指将某一部分以其他创意、材料来取代的方法。包括以下三个方面。

（1）改变材料　例如皮革改成布，花色改成素色等。

（2）改变加工方法　例如缝合改为黏合，拉链改为系绳，长袖改为短袖等。

（3）改变某些配件　例如塑胶粘扣改为铜质拉链，荷叶边改为蕾丝等。

1.7.2.8 删除法和附加法

删除法是指判断能否除去附属品，能否更加单纯化的方法。对于现有的物品能删除的就尽可能删除，对本质性的必要性的东西，应再做进一步的探讨。

与删除法相对的是附加法，在设计过程中也可使用。

1.7.2.9 结合法

将两种或两种以上的功能结合起来，产生出新的复合功能的方法。例如把裙子与裤子结合起来组构成裙裤，把泳装与瘦裤结合起来组构成运动型时装等。

1.7.3　设计的过程

图1-36　2020春夏女装企划案例——刘玥含作品《辩经》

服装设计离不开消费者，也就是离不开市场。特别是在当今的商业社会里，定做服装已经逐渐衰落，取而代之的是由服装设计师所设计的时装及成衣。因而，寻找市场上的共通性和需求性，就成为每一个设计师最重要的课题，如图1-36所示。

设计师必须充分了解市场需求，才能在设计过程中做到有的放矢。以下是国内服装公司常用的设计过程。

（1）确立商品的风格计划　在新的季节来临前先应做好整体风格、外形、色彩、材料的计划。

（2）研究开发　研究产品开发的可行性和被市场接受的程度。

（3）设计稿　绘制设计图。

（4）制作样品　根据选择的设计稿件裁制样品。

（5）评估会议　样品完成后，集合相关人员集体研究，提出改进意见。

（6）变更设计　根据改进意见，调整设计。包括款型、色彩、面料、工艺、装饰等方面。

（7）产品生产　决定生产数量、分配生产流程路线并制定完成日期。

（8）推出销售　分配销售网点并制定销售路线。

服装公司常用的设计过程如图1-37所示。

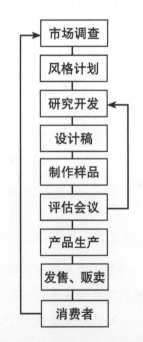

图1-37　服装公司常用的设计过程示意

1.8 服装流行趋势的产生与预测

服装流行趋势是指服装在现阶段流行风格的持续，以及未来一段时期的发展方向。服装流行趋势是社会、经济及人们思潮发展的综合产物；是在收集、挖掘、整理并综合大量国际流行动态信息的基础上，反馈并超前反映在服装市场上，引导服饰的生产和消费。服装流行趋势还从一定程度上表现出上升性循环往复的周期性。从图1-38中可知，服装经过发展的一个大周期，现代迷你豹纹裙与原始豹皮裙十分相似！但这是站在高跟鞋上的相遇。

图1-38 表现服饰流行周期性循环往复性质的漫画

1.8.1 服装流行的基本类型

服装流行表现为多种存在形式，经过对这些形式的分析和比较，可归纳为稳定性流行、一时性流行、反复性流行及交替性流行四种基本类型。

1.8.1.1 稳定性流行

稳定性流行的运行轨迹呈现出从初始流行向上直至最高峰，而后回落，在降至一定位置时保持一种稳定性的延续状态（图1-39）。如在20世纪70年代末80年代初流行的石磨水洗牛仔裤，自从流行开始就被追求时尚的青年人所推崇，后又被大众所喜爱，流行高潮期后，在时尚舞台仍然占有一席之地，成为稳定性的流行，不太受新流行的左右。这种类型的流行颇具代表性，从某种角度上来看，成衣设计的特点能反映出稳定性流行的特征（图1-40）。

图1-39 稳定性流行示意

1.8.1.2 一时性流行

一时性流行是指流行趋势呈现出一个由初始上升至高潮，然后回落，继而消失的运动轨迹（图1-41）。一时性流行通常基于突发事件或超前卫思潮及行为，与主流生活

图1-40 具有稳定性流行特征的石磨水洗牛仔裤

状态有一定的距离，而在近阶段中不具有反复性流行的性质。但这并不意味着其会永远消失，当到合适的时候，还有可能再次成为流行。图1-42是20世纪60年代法国"先锋派"时装设计师帕科·拉班尼（Paco Rabanne）设计的金属时装，受到年轻人的热捧，其流行达到高潮后则淡出人们的视野，具有显著的一时性流行的特点。

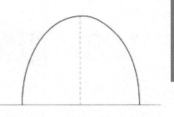

图1-41　一时性流行示意

图1-42　20世纪60年代曾一度风行的"金属时装"热潮

1.8.1.3 反复性流行

反复性流行是时装流行的常态形式。一种流行出现，它会经历反复的高潮和回落，始终都没有消失而在不断地流行着，只是流行的程度会有所差异（图1-43）。在

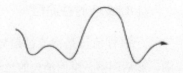

图1-43　反复性流行示意

20世纪90年代初，法国著名的时装设计师戈蒂埃为当时的性感歌星麦当娜设计的紧身胸衣演出服，引起"内衣外穿"风潮的盛行，经历了流行高潮后，内衣外穿依旧没有脱离人们的视野，每年的成衣时装发布会上还有其身影的出现，时不时又会形成一个新的流行高潮（图1-44、图1-45）。

图1-44　麦当娜的紧身胸衣演出服

图1-45　Richard Chai Love(理查·蔡"爱")推出的2013春夏季"内衣外穿"时装作品

1.8.1.4　交替性流行

交替性流行比较多地出现在两种呈一定相互对应关系的时装风格间的交替转换（图1-46），总体表现为男女性别造型特征风格的转化、服装长短款式风格的转换等。以20世纪时装交替性变化为例，20世纪初爱德华时期保持着成熟高雅的贵族妇女的形象，流行S形造型及拖地长裙；20年代则流行直线性"男童化"造型，裙长上升到膝盖；30年代又恢复了女性化和长裙的造型；第二次世界大战期间，服装呈现出军服化、制服化的直线特点，追求实用，

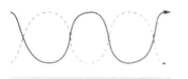

图1-46　交替性流行示意

裙长缩短；40年代末和50年代，"新女性"时装引导着时尚的流行，X型造型以及至小腿中下部的裙长为主流；60年代再次流行直线造型，"超短的迷你风貌"席卷全球；70年代，服装造型裙长垂到脚踝；80年代上半期流行"雅皮士"风格和宽肩直线造型的男装风貌，后期至90年代恢复了女性化的造型，"洛可可"风貌占有重要的地位；随后又是60年代、70年代古典风格的回归（图1-47）。总之，流行趋势仍然呈现出男女性别造型特征、长短风貌的交替转化，只是交替的周期呈不断缩短的趋势。交替性流行规律对于认识及把握流行趋势有相当大的参考价值。

（a）20年代

（b）30年代

（c）40年代

（d）50年代

（e）60年代

（f）70年代

图1-47　20世纪20～70年代时装长度及女性化与男性化风貌的交替流行

1.8.2　服装演变的基本规律

　　服装演变的基本规律主要包括顺应环境、优势支配、模仿流行、自下而上、渐变习惯、逆行变化、异质借鉴、形式升级与形式下降、国际同化、约定俗成、系列分化和基础复归等，对于研究及把握服装流行趋势有着重要的参考依据。

1.8.2.1 顺应环境的规律

服装的演变总体而言是顺应环境的结果，有自然环境、社会环境、心理环境和个性环境之分。有些演变速度快，变化幅度大，超出了当时环境所允许的范围，但却是环境变化前奏阶段孕育出来的超前形式，虽是昙花一现，或只是在小范围内存在，然而一旦时机成熟，环境允许，立即就会成为流行风潮。"新外观"（New Look）服装从一开始受到抵制直至后来的风行就是一个典型案例。"新外观"服装是法国服装设计师迪奥（Dior）在第二次世界大战结束之后（1947年）推出的，具有十分女性化的特点：溜肩、丰乳、细腰、宽臀，下装长到小腿中部，多褶展宽裙或紧身裙，与第二次世界大战期间的直线形服装形成鲜明的对比[图1-48（a）]。战后物资严重缺乏，广大人民的生活处于贫困潦倒的状态。这时推出"新外观"服装，会遭到广大劳动妇女的抵制，甚至上街游行，发泄她们的不满[图1-48（b）]。但是追求安定美好生活，追求时尚美观的装扮依旧是隐藏在广大女性内心深处的愿望，因此，在经济形势稍有好转后，"新外观"服装迅速受到了广大女性空前的青睐。

（a）"新外观"服装　　　　　　　（b）1947年反对迪奥"新外观"服装的标语

图1-48　迪奥的"新外观"服装及当时的反应

1.8.2.2 优势支配的规律

在世界服装发展的漫长历史中，逐渐形成具有权威性的国际时装中心，它们以强大的优势能量引导世界时装潮流，影响着服装发展的进程。一般每年在时装中心举办2次时装发布展会，有来自世界各地的设计师、时尚买手、服装生产商、销售商、时尚媒体等聚集于此，获取国际流行前沿信息。著名时装品牌的影响力使得优势支配规律在此过程中显而易见。此外，优势支配规律还体现为上流社会主流群体、主流文化、权威人物等所拥有的对时尚流行的控制性及影响力。这使得流行的走向呈现出自上而下的流动轨迹。图1-49为迪奥2013秋冬系列女装广告大片《神秘花园2》

图1-49 迪奥2013秋冬系列女装广告大片《神秘花园2》

，它是以名画《草地上的午餐》为灵感进行创作的。该系列整体风格贴近自然，追求神秘、清新的意境，采用带有朦胧感的粉彩系列色彩，款式简洁高雅，推崇慢节奏的生活品质，引导了近年的"慢时尚"风潮的流行。

1.8.2.3 模仿流行的规律

优势支配带来的即是模仿流行。时装的生命周期反映出了模仿流行的过程：初始阶段由少数权威人士（时代的弄潮儿）发起时尚潮流，通过时尚媒体、时尚展会及公众场合等各种渠道的传播，逐渐被大众所接受，进而转化成自觉的模仿，使时装流行达到高潮，随后回落，淡出，转而开始新的时尚引领及新的模仿流行。公众人物的装扮很容易引起大众的模仿和跟风，其中的一个元素也容易模仿，而且很快会转化为成衣，成为流行（图1-50、图1-51）。

图1-50 穿着折叠立体效果艺术时装的歌星

图1-51 折叠立体效果时装的成衣化演变

三宅一生2011秋冬时装秀

1.8.2.4 自下而上的规律

自下而上与优势支配正好形成对比，虽然从服装发展的历史可知，服饰流行总体上都是由上流社会引导，很少有由下向上流转的。但人类社会发展到今日，情形已经发生了翻天覆地的变化。1789年法国大革命，贵族服饰一统天下的局面受到严峻的挑战，象征着劳动阶层的"长裤"却登上了世界服装的历史舞台，之后，一发不可收拾（图1-52）。20世纪50年代"街头时尚"首先在英国兴起，接着是"嬉皮士""朋克""摇滚"等（图1-53、图1-54）。大众文化（又称草根文化）的兴起并逐渐发展为波澜壮阔的潮流，明显有转变为主流文化之势。而今，时尚流行趋势受大众文化影响的状况愈发明显，时装设计师的很多灵感都来自街头时尚。更重要的是，有更广泛的消费者加入创造时尚流行的行列，"街拍服饰"受到喜爱，网络传播推波助澜（图1-55）。毫无疑问，自下而上的规律在今天影响着时尚流行的发展。

图1-52　法国大革命早期手持三色旗的无套裤汉形象

图1-53　20世纪50年代在英国伦敦街头出现的"特迪"男孩（Teddy boy）形象

图1-54　20世纪70年代流行的"朋克"装扮

图1-55　2018年1月成都冬季街拍

1.8.2.5 渐变习惯的规律

渐变习惯的规律可反映出两种不同的服饰流行现象。其一表现为，新的流行基于先前的服饰逐渐变化，使人们在渐变中慢慢习惯，以较为平缓的方式实现服饰的新旧交替。20世纪20年代流行的"小野禽风貌"（"小野禽风貌"以平胸、低腰、平臀的直线形轮廓为特点），女子裙长及至膝盖，这是前所未有的高度。但因为有前期"波瓦利特时期"服饰理想形象向年轻化的转变

图1-56　20世纪20年代流行的"小野禽风貌"开创了新的女性形象

作为基础，且裙长是逐步提升的，所以在不经意间极大地改变了传统女性的形象（图1-56）。

其二表现为，由先锋派时装设计师推出的具有颠覆传统习俗特点的超前时尚，最初受到绝大多数人的排斥甚至是反感，很难被接受，却潜在地反映了新时代的精神，反映出新一代人的内心倾向，因此，经过一段时间少数反叛青年的跟随，逐渐扩大影响，改变人们的观念和习惯，使其成为流行。以"骷髅服饰"的流行为例，具有时装界"坏孩子"之称的英国时装设计师亚历山大·马可奎恩（Alexander MacQueen），别出心裁地推出了骷髅图案及造型系列的服饰设计作品，可谓是惊世骇俗，挑战了传统服饰观念，因此引起很大的争议。而经过5年左右时间的缓冲，原本在人们心中孤亡、恐惧、丑陋的象征物竟不可思议地成为时尚美的标志，成为青年群体热捧的对象，在全球范围内流行（图1-57）。

（a）骷髅围巾　　　　　　　　　　　　　　　　（b）地铁里身着骷髅服饰的乘客

图1-57　马可奎恩的骷髅围巾

1.8.2.6 逆行变化的规律

逆行变化的规律是指当一个流行达到高潮时，下一个流行就会朝着和现行流行相反的方向形成。这个规律在男女装性别风格转换、服装长短转换等流行现象中清晰可见，对于把握、预测服饰流行有较高的参考价值。服装交替性流行的类型，实际上就涉及服装流行逆行变化规律。

1.8.2.7 异质借鉴变化的规律

服装经长期的发展演变，在很多方面约定俗成为穿戴的规矩或传统，内衣和外衣、男装和女装、家居服和社交服等都有相对明确的划分和界定。然而，时尚的本质是追求新颖的，不破不立，因此异质借鉴是挑战传统变成创造流行的基本路径和方法。现代服装设计盛行的解构主义创新方法就是如此，将既定的服装解构后异质借鉴，重新组合创造出来的时尚流行丰富多彩。在服饰领域，异质借鉴常见于内外服饰借鉴、性别风格借鉴、异族文化借鉴等方面（图1-58～图1-60）。

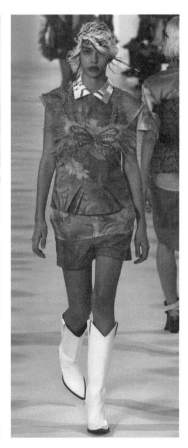

图1-58 内外装异质材质借鉴融合的时装作品

梅森·马吉拉（Maison Margiela）2018春夏系列秀场，巴黎时装周

（a）克里斯汀·迪奥（Christian Dior），2009春夏高级定制时装中有明显的青花瓷元素

（b）亚历山德罗·戴拉夸（Alessandro Dell'Acqua），2008春夏系列中有中国的旗袍元素

图1-59 中西方异族服饰元素借鉴融合的时装作品

图1-60 男女装异质风格借鉴融合的时装作品

马丁·马吉拉（Maison Margiela），2019春夏男装系列探索性别模糊的极致

1.8.2.8 形式升级与形式下降的规律

时尚在流行周期内并不是一成不变的，常常会呈现出形式升级和形式下降的现象。以低腰裤的发展为例， 1995年的"高原强暴"是麦昆第一场自行制作的服装秀，著名的"包屁者"（bumsters）裤子就出自这场秀，以低腰露臀的颠覆性设计进入了人们的视野，起初很难被人们所接受（图1-61）。

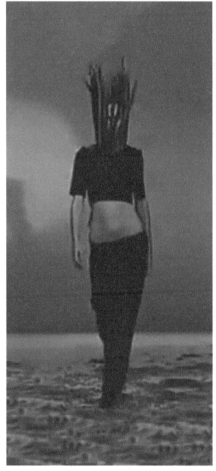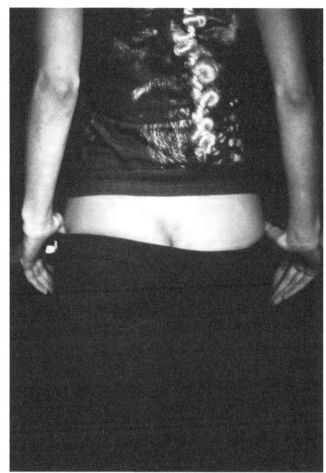

图1-61　"包屁者"低腰裤

从概念性设计转化为被接受的时装，这其中就存在一个形式下降规律，特别是像"包屁者"低腰裤这样的超前卫设计更是如此。接下来就是概念性设计成为大众时尚后的形式升级规律阶段。图1-62是低腰裤形式升级过程中呈现出的三种形式：从流行特征强但不出格的形式上升至非常夸张的形式（已不亚于概念性设计），继续上升至极端，甚至于是不可思议的程度。近年来流行的"露乳装"风潮也具有同样的形式下降和升级的过程。这两种规律对流行预测具有重要的参考价值。

图1-62 低腰裤被大众接受成为时装后升级过程中呈现出的三种形式

亚历山大·麦昆（Alexander McQueen）分别在1994春夏系列、1995春夏系列和1996秋冬系列中设计的低腰裤

图1-63 2013秋冬凯卓（KENZO）推出"眼睛"系列时装立即在世界范围内流行

1.8.2.9 国际同化的规律

时装发展的历史充分证明时尚潮流国际同化的规律。早在17世纪，法国即成为世界时装中心，流行于凡尔赛宫的宫廷时尚，通过时装娃娃、时装画、时装杂志等传播形

式，辐射到欧洲各国。虽然各国之间的服装不同，但总体趋势造型是一致的，国际同化的现象非常明显。接下来英国成为另一个世界时装中心，引领了世界男装的发展。优势支配的规律在国际同化方面也起到了重要的作用。随着时代的发展、社会的进步及科学技术水平的提高，特别是进入了信息化时代，全球经济一体化的趋势愈演愈烈，"地球村"的概念随之出现，互联网的发达极大地促进了时尚潮流的传播。此外，时装设计师和消费者之间对流行与审美间的差异缩小很多。所有这些，一方面加快了国际同化的速度，另一方面也加大了同化的幅度，同时很大地缩短了时尚流行的周期，使时装领域的国际同化规律比既往任何时候都要突出（图1-63）。但时尚的本质是新颖、时髦，因此，高度的国际同化，带来的是对原创性、个性化和多样化时尚风貌的强烈需求。

图1-64　20世纪30年代风靡的露背晚礼服

1.8.2.10 约定俗成的规律

时装流行的发展伴随着积淀与遗存，那些符合时代审美特征、价值取向和具有很好实用功能，赢得人们认可的时尚被约定俗成为各种风格和时代的标志保留下来。如欧洲曾盛行的希腊风格、哥特风格、文艺复兴风格、巴洛克风格、洛可可风格、帝政风格、浪漫主义风格及维多利亚风格等。进入20世纪后，又有了不同时期所积淀下来的新风格，如30年代大面积露背的晚礼服变成西方新的传统；迷你裙、比基尼成为现代时装的经典；

牛仔裤、T恤衫在新时代的流行中成为不受流行趋势左右、大众普遍青睐的服装。约定俗成的规律使得时尚流行拥有不断丰富的可借鉴、创新的宝库。以西方的"露背装"为例，它在20世纪成为流行，并成为经典款式，广为应用至今（图1-64、图1-65）。

图1-65　露背晚装已在约定俗成中作为礼服的经典形式而沿用至今

祖海·慕拉（Zuhair Murad），2018秋冬高级定制礼服细节

1.8.2.11 系列分化的规律

当一种时装流行袭来时，不同类型的人对其的反应及接受程度是不同的。所以，这种潮流就会被设计师包括消费者在内进行多样化的演绎，从而形成流行趋势系列分化的现象和规律。前些年盛行过洛丽塔风格，所谓"洛丽塔"，西方人指的是那些穿着超短裙、化着成熟妆容但又留着少女刘海的女生，简单而言就是"少女强穿女郎装"。但是当"洛丽塔"流传到了日本，日本人就将其当成天真、可爱少女的代名词，统一将14岁以下的女孩称为"洛丽塔代"，而且变成"女郎强穿少女装"的情况。不但如此，洛丽塔服饰风格还被衍生为多种样式，最终被划分为三大族群，即甜蜜可爱型洛丽塔（Sweet Love Lolita）、优雅哥特型洛丽塔（Elegant Gothic Lolita）和经典型洛丽塔（Classic Lolita），每一族群都有着属于自己的独特个性化面貌，但总体装饰造型主要是及膝的蕾丝裙和过膝的蕾丝鞋袜搭在一起的风格（图1-66）。从"洛丽塔"现象中可见时尚流行系列分化的现象，而这种规律有助于掌握时尚流行的脉络与变化。

（a）甜蜜可爱型洛丽塔　　　（b）优雅哥特型洛丽塔　　　（c）经典型洛丽塔

图1-66 洛丽塔服饰的三种风格

1.8.2.12 基础复归的规律

基础复归规律是对流行形态的概括和总结，一方面揭示出流行的循环往复性，另一方面强调各种流行经过约定俗成后凝练出的基础型、经典款的重要性和生命力。以19世纪新古典主义时期形成的帝政风格女装为例，该风格的特点在于H型造型、高腰节、长裙、面料轻薄悬垂、色彩简洁，具有自然飘逸、女性化的风貌。该风格作为欧洲服装的经典在随后2个世纪的时间里数次复归流行。而在每次循环往复的过程中均会演绎出各种新的形态，每次当帝政风格再次流行时，仍会以经典风格为基础，创新时代风貌（图1-67～图1-69）。

图1-67 19世纪新古典主义时期帝政风格服饰

安格尔1806年布面油画作品《卡罗琳·里维耶小姐》

图1-68 20世纪初帝政风格服饰的复归

乔治勒佩普,1911年为《保罗·波莱特设计集》绘制的插图

（a）迪奥高级定制品牌对帝政风格的演绎

（b）H&M成衣品牌推出的帝政线超长连衣裙

图1-69 2011年帝政式高腰主打流行

1.8.3 影响服装变化与流行的因素

影响服装变化与流行的因素数不胜数,归结起来可分为外部因素和内部因素两大类,还有一类兼具两者性质,将其归为其他因素。它们又分别以不同的内容及形式对服饰流行发挥着各自的影响和作用,而作用力的施展通常是相互渗透的,这包括每一大类间各种因素的相互作用,还包括跨大类间各种因素的相互作用。所以,影响服装变化与流行的因素具有多样性和复杂性的特征。

1.8.3.1 影响服装变化与流行的外部因素

影响服装变化与流行的外部因素按其属性可划分为自然环境与社会环境两个方面。

（1）自然环境的因素 自然环境对服装变化的影响很明显,它相对稳定的状态造成了与不同地域环境相应的不同风貌的服装形式。自然环境的变化,引起服装的更替和变迁。

①气候、天气和季节　遮寒护体是服装的重要功能，它与气候、天气以及季节有密切的联系。一方面，气候环境决定着服装的个性风貌，例如处于寒带地区的爱斯基摩人与处于热带地区的非洲人，其着装方式完全不同（图1-70）；另一方面，天气和季节处于更迭交替和不断变化的状态，特别是季节特征明显、温差大的区域，客观上就要求着装的变化，所以季节变化的周期即是时装变化的规律性节点和依据。

图1-70　寒带爱斯基摩人与热带非洲人截然不同的着装方式

②突发事件　类似于气候环境变化，突发事件是人类所不能控制的，它常常会打破现有的生活秩序，引起服装上的变化。如以恐怖事件为灵感，使军装元素、军旅色调成为流行（图1-71）。

③环境场合　环境场合对服装的制约非常大。特别是在当今信息时代，现代交通工具的发达，"移动"成为人们重要的工作和生活方式，它可带来环境场合变更的概率。这对于服装的变化产生很大影响。一方面要求服装随环境场合变化而调整，另一方面则体现为功能服装，适宜多种场合穿着的服装成为流行（图1-72）。

④穿着者的相貌特征　穿着者的相貌特征对服装的流行变化产生的影响较小，但仍是一个不可小觑的外在因素，它对时尚流行会起到一定的修正作用。比如，紫色的流行不适于作为深暗皮肤者的主体着装色彩，而可转化为辅助配色使用。在西方流行的沙滩日光浴，不适于中国人的黄皮肤，平底凉鞋也不适合中国人相对矮小的身材，所以它们在中国的流行就受到天然相貌的影响而弱化很多。

（2）社会环境的因素　社会环境包罗万象，政治、经济、文化、科技、战争和社会的变迁，时代和社会

图1-71　以恐怖事件为灵感而设计的时装（刘佳作品）

图1-72　适合多种环境场合穿着的职业休闲装（梁思齐作品）

思潮，以及传统习俗等对服饰流行变化都起到关键和直接的影响。

①政治　政治对服饰风格的影响极大，如18世纪末法国大革命终结了君主统治下的贵族化的洛可可服饰风格，向两侧扩展的庞大的裙撑被取消，替代的是希腊式自然的直筒式高腰节造型的服装，形成新古典主义服饰风格(图1-73、图1-74)。与此同时，长期在贵族中流行的齐膝短裤被代替，劳动阶层穿着的长裤步入服装的历史舞台。又如明末清初，清朝政府以"留头不留发，留发不留头"的形式强迫推行满清服饰。战争和社会变迁的因素对服装流行的影响，带有强制性改变的性质。战争条件下，迫使人们的着装变短，变得更简洁、更适合活动。战争造成政权交替和社会

图1-73　18世纪法国流行的洛可可风格的服装

弗朗索瓦·布歇，《蓬帕杜尔侯爵夫人肖像》，1756年

变迁，也会带来服饰面貌的大改观。而且战争还会从侧面带来不同服饰文化的交融，促进军事化服装的功能性向大众化转变等。如海湾战争曾一度引起阿拉伯服饰风格的风行；堑壕风衣、文艺复兴时期的衩口装饰、西装上的袖叉纽、中山装等均源于战争和社会的变迁；军装风格也成为反复流行的时尚(图1-75、图1-76)。从这些现象中可见政治对时尚的影响是直接、巨大的。

图1-74　法国大革命后流行的新古典主义风格的服装

《巴黎服装》（Costume Parisien）杂志1808年服装插图

图1-75　2016秋冬盟可睐男装（Moncler Gamme Bleu）以特种部队为灵感设计的迷彩男装

图1-76　军服化风格成为近年来反复流行的主题（刘嘉豪作品）

②经济　经济基础是时尚流行的前提，难以想象一个连温饱都没法解决的地方能够对时尚潮流产生共鸣。经济对服装流行的影响存在正反两面。经济状况好，人们过着富裕的生活，就会推动服装流行的发展；反之，经济危机时，人们的生活水准降低，就会制约服装流行的发展。如第二次世界大战期间，战争摧毁了时装赖以发展的经济基础，法国不再是世界时装中心，一些著名的时装设计师、摄影师、时装模特纷纷离开巴黎，聚集在美国的纽约，使美国成为当时世界的时尚中心。不仅如此，经济和时尚存在着这样的流行规律，即经济危机下的服装往往呈现出长型款式的流行；而经济富足的时期，就会流行短款的服装造型。如20世纪60年代，西方经济繁荣富足，科技得到迅猛发展，此时流行的是迷你裙；而70年代，西方经济出现危机和石油危机，随之而起的是下垂的长裙。

图1-77　以街头文化为灵感的服装（田佳思作品）

③文化　文化是一种社会现象，是人们长期创造形成的产物。同时又是一种历史现象，是社会历史的积淀物。准确而言，文化是指一个国家或民族的历史、地理、风土人情、传统习俗、生活方式、文学艺术、行为规范、思维方式及价值观念等。文化具有多种形式，例如西方的基督教文化、中国的儒家文化、主流文化、少数民族文化等，各种文化之间也能够相互作用和影响。时尚流行实质上就是一种文化现象，直接反映出文化的社会性、区域性及历史性等特征。从20世纪60年代以来，大众文化开始崛起，对时尚流行产生巨大影响，时至今日仍方兴未艾，成为流行趋势研究的重要观察点（图1-77）。

④科学技术　科学技术带来的

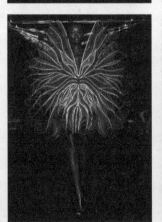

图1-78　艾里斯·范·荷本（Iris Van Herpen）高级定制的3D打印时装

时尚流行直接体现在材料创新、功能改进、制衣技术提高和信息传播加速等多个方面，还可带来人们眼界的开阔与认知水平的提升。古往今来，时装的发展无不反映出科学技术发展的足迹，太空服、彩色棉、数码印花以及高科技功能性时装等，举不胜举。近年来基于计算机技术的高度发展，计算机3D打印时装出现在T台秀场，彻底颠覆了以往形成的传统制衣方式（图1-78）。科学技术对时尚流行的影响显而易见。

图1-79　20世纪初西方女性穿着的沙滩泳装

好莱坞电影《穿泳装的女人》，1916年

⑤时代与社会思潮　时代与社会思潮处于不断变化的状态，它们直接作用于人们的审美观、价值观和生活方式。高级成衣与"反时尚"潮流的出现，牛仔裤、T恤衫、休闲服登上大雅之堂，比基尼的流行，内衣外穿已经成为时尚等现象，所有这些时尚的变化都与时代的变化、社会思潮的变化密切相关（图1-79）。当今信息时代，改变传统的信息传播方式、购物方式、生活方式和制衣方式，从而深刻影响着人们的着装观念，形成新的服装面貌（图1-80）。

⑥传统习俗　传统习俗对服装流行的影响既有积极的一面，也有消极的一面。积极的一面是指它常常会作为时装设计师创造新流行的

图1-80　反映当代数码科技风貌的时装

灵感，包括民族传统的服饰风格、制衣方式及穿着习性等；消极的一面是指传统习俗对服装流行具有一定的抵制性或制约性，由此会从一定程度上改变流行趋势原始的状态，而使其演变成适宜区域性的、有着时尚流行意味的个性面貌。如中国餐馆遍布于全世界，却从未见过哪个中国菜会与其他中国菜拥有相同的口味。所以，传统习俗与风味也成为了品牌关注及赢得消费者的关键地方。图1-81是Dior品牌在2007年推出的不同版本的Saddle Bag时装包，既可以满足当时"民族风"流行趋势下人们的时尚追求，也可以将时尚与不同民族传统习俗风格相融合，迎合不同消费者的喜好。

（a）阿根廷版　　　　　　（b）埃及版　　　　　　（c）俄罗斯版

（d）法国版　　　　　　（e）摩洛哥版　　　　　　（f）墨西哥版

（g）日本版　　　　　　（h）西班牙版　　　　　　（i）中国版

图1-81

（j）美国版　　　　　　　　（k）印度版　　　　　　　　（l）英国版

图1-81　迪奥（Dior）品牌2007年推出的不同版本的Saddle Bag时装包

1.8.3.2 影响服装变化与流行的内部因素

服饰的穿着对象是人，人的内在心理因素对服装流行起重要作用。人的心理因素很多，而与服饰流行密切相关的包括喜新厌旧心理、爱美心理、权威性格与从众心理、虚荣心理、炫耀心理、排他心理等心理因素。其中权威性格与从众心理会促进服装流行达到规模化高潮，其他心理则是引起服装流行的基础。这类内部因素可归结为心理环境。

（1）喜新厌旧心理　喜新厌旧心理反映的是人类的本能性心理特征，它是时装流行的内驱力，服装流行从本质而言，就是人类喜新厌旧本能的体现。时装创意产业的旺盛生命力，从极大程度上是基于人类的喜新厌旧心理，特别是在年轻群体中，这种心理表现得更为突出。因此才有同样服饰时兴与过时价格天壤之别的现象。

（2）爱美心理　爱美之心人皆有之，天生俱来，与喜新厌旧心理类似是时装流行产生和发展的巨大内驱力。从为了追求美而不惜伤害身体的紧身胸衣、裹小脚、穿鼻割肤等极端现象中能够清楚看到这种心理。美具有符合人类基本审美心理特征的类型，包括令人赏心悦目的黄金分割之美、自然之美、健康之美等；历史积淀形成的经典美，如欧洲古希腊的经典美；17、18世纪盛行的巴洛克、洛可可艺术风格的美；中国传统的"大家闺秀"与"小家碧玉"的美等；同时存在着地域文化、个性间的审美差异；还存在着时尚美，人的审美观随着时代的发展在不断变化，影响着时尚的流行。不仅如此，上述各种美都会在时尚流行中反复出现而作用于人的爱美心理。

（3）权威性格与从众心理　人类具有权威性格，即对著名的成功人士、权威人物有一种崇拜和模仿心理。当然人与人之间在权威性格的程度上有着极大差别。服装流行的轨迹实际上说明了权威性格的特点和差异。时尚潮流的始作俑者往往是那些少数权威人士、名人明星等，尔后则是越来越多的人跟风加入到时尚流行的行列，使得流行达到高潮。在这种权威性格下表现出来的则是从众心理。

（4）虚荣心理　虚荣心理对于时装流行而言是一件好事，它从一定程度上激发或"怂恿"人们去追求高于自己生活水平和消费水平的行为，从而促进服装流行的发展。很多服装生产商、经营商正是利用人们的虚荣心理，利用名牌来吸引消费者，获得高额的附加值。

（5）炫耀心理　通过炫耀的方式被人们关注，得到夸张，成为被羡慕的对象，从而树立自己良好的形象，也从一定程度上满足潜在的虚荣心。炫耀心理是推动时尚流行的重要心理因素，这不但体现在这种心理能激发人们走在时尚流行前列的欲望，消费名牌产品的欲望，而且也在炫耀的不经意间促进了时尚流行信息的传播，使得更多的人了解并加入时尚行列。

（6）排他心理　排他心理包括两种不同的表现方式，其一是炫耀式的排他，表现为"你精彩，我比你更精彩"，在炫耀的攀比中实现对时尚流行所起到的积极推进作用；其二是嫉妒式的排他，表现为"我达不到，也不让别人达到"，这种心理对时尚流行常常起到消极的负面作用。

（7）怀旧心理　怀旧心理对时尚流行具有重要作用，它直接导致流行趋势呈现出循环反复的轨迹。例如古希腊服饰在文艺复兴早期、19世纪帝政时期、20世纪初及之后慢慢缩短周期的反复流行，这实际上从很大程度基于人类的怀旧心理。特别是在现代大工业生产模式下，在高速度、快节奏、强压力的生存状态下，人们的怀旧心理表现得十分强烈，因此它也就成为流行趋势专家和时装设计师颇为关注、研究、挖掘的对象。于是在近10年的时装流行趋势中，轮流上演维多利亚风格、洛可可风格、新艺术风格、装饰艺术风格、希腊风格、拜占庭风格以及20世纪各个时期的风格元素，怀旧之风格外盛行。

1.8.3.3 影响服装变化与流行的其他因素

其他因素兼具外部与内部因素两种性质，它们彼此之间相互关联和作用。它所反映的是人的个性环境。这些因素对时尚流行的影响作用较为类似，都表现为以个性化的面貌接受或抵制或创新服饰流行。

人的个性环境包含性格、偏好、气质及文化背景四个主要内容。同时从不同范围或层面来观察个性环境，其个性的概念不同。例如，高级定制时装所针对的是具体的消费者，而成衣品牌所针对的是品牌定位下的个性化消费群体。相对而言同一个消费群体的成员，他们有着相似的性格、偏好、气质与文化背景，表现出区别于其他消费群体的个性化差异。

🪧 1.8.4　服装流行趋势的预测及影响

1.8.4.1 流行周期与预测

反复是一种自然规律，表现在流行中即流行的周期性，每隔一段时间就会重复出现相似的流行现象。周期性是人类趋同心理物化和心理的综合反映，和其他领域的流行相同。

（1）服装流行周期阶段

①产生阶段为最时髦阶段　由著名设计师在时装发布会上推出高级时装（先导物），高级时装作品发布会于每年一月份（春夏季）和七月份（秋冬季）举办两次。高级时装通常是由高级的材料、高级的设计、高级的做工、高昂的价格、高级的穿着者和高级的使用场所等要素构成的，这种时装的生产量极少。只有如此量少价高的措施，才能以盈利的部分平衡不被市场接

受的部分所造成的损失。

②发展阶段是流行形成阶段　由高级成衣公司推出时装产品，该阶段的高级成衣虽然与第一阶段相比，价格相对低廉，但对普通群众而言，仍然是无法消费得起的天价，因此只能在某些特定阶层中流行，还无法形成规模，但由于这个阶段的消费者多是演艺界、政界人士中受人瞩目的社会名流，因此为下一个阶段的大规模流行积蓄了潜力，促成第三阶段的产生。

③盛行阶段是流行的全盛阶段　由大众成衣公司推出大多数人能够消费得起的价格低廉、工艺相对简单，由大规模生产制造出来的成衣。该阶段时装已真正转化为流行服装，被众人穿着。

④这一轮流行在消退阶段已达到鼎盛阶段　该阶段服装的普及率已经最大，以至于市场被大限度地充斥占据。在该阶段，大众的从众心理已过去，喜新厌旧的心理开始发挥作用，使这类服装的穿着者明显减少，或成为大众喜爱的日常基本款式被长久使用，或暂时消退，等待时机再次成为新的流行。

（2）**流行预测的概念和作用**　预测即运用一定的方法，根据一定的资料，对事物未来的发展趋势进行科学和理性的判断与推测。以已知推测未知，能够指导人们未来的行为。预测的种类多种多样，如股票、经济、军事、服装工业产品等。

成衣流行预测是对上个季度、上一年或长期的经济、政治、生活观念、市场经验、销售数据等进行专业评估，推测出未来服饰发展流行方向。通常情况下，做色彩、纱线、材料、款式、男装、女装、童装等的分类预测，根据流行预测机构的功能不同而不同。各服装企业也做适合本企业需要的趋势预测。了解成衣流行趋势的过程和基本原理，能够有效地对本行业的最新动向进行研究、分析和判断，合理应用流行趋势可以降低设计成本、降低生产风险，能够合理地安排生产。引进流行趋势分析理念，能够提高把握市场的准确性，减少制作样衣的不必要投入。

1.8.4.2　服装流行预测的分类

（1）**按照预测时间长短划分**

①长期预测　长期预测通常指一年以上的预测。如巴黎国际流行色协会发表的流行色比销售期提前24个月；《国际色彩权威》杂志每年发布早于销售期21个月的色彩预测；美国棉花公司市场部预测发布的棉纺织品流行趋势比销售期提前18个月；英国纱线展发布提前销售期18个月的流行预测。

②短期预测　短期预测是指一年以内的预测。如巴黎、米兰、伦敦、纽约、东京、北京、中国香港等时装中心的成衣展示会，包括各成衣企业举办的流行趋势发布和订货会以及各大型商场的零售预测。

（2）**按照预测范围大小划分**

①宏观预测　宏观预测通常指大范围的综合性预测。这类预测对同一地区内的所有商家均有指导意义，如国际流行色协会的色彩预测、中国流行色协会的色彩预测等。

②微观预测　微观预测往往具体到生产不同服装产品的成衣预测。如内衣产品预测、西装产品预测、风衣产品预测等。

（3）按照预测方法不同划分

①定性、定量预测法　对预测对象的性格、特点、过去、现状和销售数据进行量化分析，推测并判断成衣产品未来的发展方向。预测前，必须进行广泛的市场调查，在分析消费者和预测对象相关联的各个层次的基础上进行科学统计预测。此类预测非常科学、细致，但预测的成本较高，适于中、小国家的流行预测，如日本的流行预测就经常采用定性、定量预测法。

②直觉预测法　聘请与流行预测相关的服装设计师、色彩专家、面料设计师、市场营销专家等有长期市场经验的专业人士凭直觉判断下个季度的流行趋向。参与流行预测的人士，必须有丰富的市场阅历及经验，有高度的归纳和分析能力，对市场趋势具有敏锐的洞察力及较强的直觉判断力，有较高的艺术修养以及客观的判断能力。如总部设在巴黎的国际流行色协会的色彩预测采用的就是直觉预测法。

1.8.4.3 流行趋势对服装设计的影响

流行趋势的发展变化，使服装在外形、局部、线型、色彩和布料等方面发生变化。如我国20世纪80年代服装流行的情形：1980年，西服出现在青年人当中；1982年，猎装盛行；1984年，流行大直筒裤、男士高跟鞋；1985年，流行运动服；1986年，流行萝卜裤、窄腰西服；1988年，流行牛仔系列、牛仔布一枝独秀；1989年，流行裙裤；1990年，流行宽松式套装及都市性格女套装。其间色彩也前后流行过宝石蓝、紫罗兰、明黄、果绿等。

我国的时装潮流趋向深受欧洲及日韩时装潮流的影响，其动向较容易推测。问题是设计师应如何去适应潮流，设计出合乎时宜的新款式。只有适合时令和流行的款式，才有美的效果。流行而且有时尚感的衣服，在人们心理上最容易获得好感。穿着比别人新颖的服装，在内心会有一种优越感，这种优越感是造成流行的动机。此外，一般人均有喜新厌旧的倾向，所以，流行的根源乃发自于人们的内心。设计师应把握人们的心理和需要，进行诱导、呈现。设计师不得独自制造流行，而是要揣测大众的心理，正确抓住人们的追求、发展方向等关键来培育流行的萌芽。

对于一种流行，可将它比作一条宽大的河流，而一种趋势，通常包罗万象。如果说设计的服装相当于一杯水的分量，则流行的整体就是一条大河流。因此，人们均可在流行的潮流中选择出适合自己的服装款式。对于初学者而言，繁多的式样，快节奏的流行变化，容易使人发昏，很难承受。但是，从广义上来讲，如此的千变万化乃是为了让每个消费者均能有称心如意的装扮，这也是一种必然的现象。

在分析上述流行的成因后，从中采取能够使穿着者显得生动的服装外形，运用的就是服装设计原则。若在服装设计过程中，不能有效地整体利用流行的特点，就应设法在服装局部中采用。如果局部仍不合适，可单独选用新颖的服装材料或者新鲜的服饰配色，同样也能形成一种流行的气氛。

总之，流行是一种趋势，它包罗万象。在服装设计过程中既能够从大的方面进行整体的把握，也能够从服装局部特点着手，无需将流行的外形一成不变地搬过来予以运用，更不用设计完全符合流行的格式。对于流行，应灵活运用才能创造出更好的服装设计作品。

2

服装设计的
色彩应用

2.1 服装色彩的含义

　　色彩是服装造型最引人注目的因素，其次为服装的款式、造型、面料及工艺等。在视觉的接受过程中，色彩最先映入人们的眼帘，刺激视网膜，形成色感，产生各种感性的因素。所谓远看颜色近看花，不单是指距离上的远与近，还包括视觉上的先与后。当走进商店选购服装时，首先注意到的是衣服颜色。不喜欢的色彩再好的款式、面料，也很难称心如意，色彩直接影响着消费者的购买欲。因此，色彩在服装造型中运用的好坏在极大程度上直接并决定着一件作品的成败。因此称色彩是服装的灵魂，可见色彩对服装造型的意义有多大。

2.1.1 色彩的基本性质

　　色彩是物体本身的固有色，经由光的照射，作用到人们的视网膜上，故而产生出这种或那种色彩的感觉。在自然界中，色彩的物体一般可分为两大类：一类为发光体，如太阳光、灯光、火光等；另一类为受光体，如建筑、树木等。色彩需经光照方可显示，光源变化，色彩也随之改变，光与色无法分割。世上有无色的光，没有无光的色，比如在漆黑的夜晚，没有光就无法看到颜色。

　　视觉通常包括光觉和色觉两大部分，光觉系指明暗，色觉系指对色彩的感觉，如红、黄、蓝等。通常所用的、所讲的色彩是指色觉。主要是指从太阳光中所分离出的颜色，即红、橙、黄、绿、青、紫，将这六色按顺序排列绕成一环，即形成色环，如图2-1所示。在色环上互相邻近的色彩，称邻近色，如红与橙、黄与绿等。相对应的色彩称为对比色，如红与绿、黄与紫等。

　　一切色彩都有色相、明度、彩度三种性质，即色彩的三属性。而所有色彩的面貌都是由固有色、光源色、环境色三个方

图2-1 色环

面的因素决定。色彩分暖色、冷色、中性色，如图2-2所示。但色彩的冷暖是相对而言，并非绝对，如红与橙色都属于暖色，但放在一起比较，会发现后者要比前者更暖一些。冷色系的色彩也是如此。而中性色则是靠近暖色系的色性偏暖，靠近冷色系的色性偏冷。总而言之，色彩的性质是相对的、可变的，要灵活运用方可创造出好的作品。另外，色彩在混合的过程中矿物质的颜料色彩越混合越暗，而光的色彩则是越混合越亮。

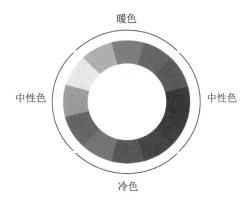

图2-2 色彩分暖色、冷色、中性色

🎯 2.1.2 色彩的名称及概念

（1）原色 任何色彩均无法调和出来的颜色。即色相环中的基本色，红、黄、蓝三色。

（2）间色 由两种原色调配而成的颜色即为间色。如黄加蓝生成绿。

（3）复色 由两种以上的间色调配而成的颜色即为复色。如橙加绿生成褐。

（4）色相 即色彩的面貌，又称为色彩的种类。

（5）明度 色彩的明暗程度。不同的色彩之间存在着明度的差异，从色相环中可知，黄色最亮，即明度最高，蓝色最暗，即明度最低。

（6）纯度 即色彩的艳丽程度，高纯度的色彩显得华丽，刺激性强。低纯度的色彩则显得朴素安定。

（7）暖色 即给人以温暖热烈感觉的颜色。如火、阳光等物质呈现出的红和橙色等。

（8）冷色 即给人以寒冷、沉静感觉的颜色。如月光、蓝天等物质呈现出的蓝灰和偏湖蓝色等。

（9）中性色 给人以不冷不热的感觉，处于冷暖之间的色彩。包括粉绿、粉红、金、银、灰、黑、白等色彩。

（10）固有色 指物体的原有色彩。

（11）光源色 指物体的颜色受光的照射，发生变化后的颜色。如蓝色的物质因黄光照射而变成蓝绿色。

（12）环境色 环境对物体所引起的反光颜色。

（13）无彩色 一般黑、白、灰、金、银五色为无彩色。

（14）色调 色调即是颜色整体形象的外观，是某些颜色借配色而表现出的整体感觉。如暖色调、高雅色调、华丽色调等。

2.2 色彩的心理感觉与联想

　　色彩经过人的视觉，传达到人的神经中枢，产生不同的心理感觉，激发起联想，因此这种现象称为色彩的形象效应。色彩的形象效应是由观察者的联想而产生的，不同的观察者对于同一种色彩形象的反应也不同，所以很难下一个统一的结论。但是色彩既被人们所共识，那么它必定会有很多共同的地方，使人们产生类似的联想。因为人不是孤立存在的，而是生活在一个相对的社会环境中或者一个集体里。学习色彩的目的在于如何更有效地利用色彩，所以必须充分地了解色彩的心理感觉与联想，如表2-1所示。

表2-1 色彩的联想

色彩	抽象联想（概念）	具体联想（现象）
红	热情、活力、危险、革命	太阳、火、血、口红、苹果
橙	温情、阳气、疑惑、危险	橘子、橙子、柿子、胡萝卜
黄	希望、明朗、野心、猜疑	香蕉、菜花、向日葵
黄绿	休息、安慰、安逸、幼少	嫩叶、草、竹
绿	和平、安全、无力、平安	田园、草木、森林
青绿	深远、胎动、诽谤、妒忌	海洋、深绿宝石
青	沉静、理智、冷淡、警戒	天空、水、大海
青紫	壮丽、清楚、孤独、固执	紫地丁、橘梗
紫	高贵、忧婉、不安、病弱	菖蒲、葡萄
红紫	梦想、幻想、悲哀、恐怖	酒楼、烂肉
白	纯洁、明快、冷酷、不信	雪、棉花、纸、白兔
灰	中性、谦逊、平凡、失意	老鼠、灰尘、乌云
黑	神秘、严肃、黑暗、失望	煤炭、夜晚、黑板、黑发

2.2.1 色彩的冷暖感

色彩的冷暖感主要是由色彩的色相所决定。例如当人们看到红色时就会联想到红旗、血及火光等，产生一种振奋、温暖的感觉。而当人们看到蓝色时，就会联想到天空和大海而让人感到宁静、清凉和广阔，此即为色彩的冷暖感。

在色彩中橘红色是暖感最强的色彩，蓝色则是冷感最强的。通常将靠近橘红色的色彩称为暖色系；把靠近蓝色的色彩称为冷色系。而两者均不靠的则称为中性色，中性色与冷色调配成冷色调，反之成暖色调，如图2-3所示。

色彩的冷暖感，除由色相决定外，还受到明度的影响。如正红和粉红，前者比后者暖得多；而深蓝与浅蓝相比，深蓝又要比浅蓝暖一些。

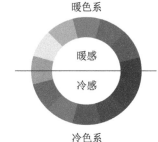

图2-3　色彩的冷暖感

2.2.2 收缩与膨胀感

通常暗色有缩小之感，明色与暖色有膨胀之感。如相同的方形，一个紫色、一个黄色，人会感觉黄色比紫色略小一些，这就是收缩与膨胀感，如图2-4所示。

图2-4　色彩的收缩与膨胀

2.2.3 前进与后退

同一背景，面积相同的图形，会因为色彩的不同，而使人感到有的在前面，有的在后面。如红色与蓝色相比，红色就有前进的感觉，而蓝色却有后退的感觉。因此一般情况下，明色与暖色会给人以突出向前之感，而暗色与冷色则给人向后退的感觉，如图2-5所示。

图2-5　色彩的前进与后退

2.2.4 色彩的轻重感

色彩的轻重感主要由它的明度决定。通常情况下，高明度的色彩使人感到轻快。而低明度的色彩会使人感到沉重。如女性穿上深蓝色的裙子会给人一种沉着、稳重的感觉，而换上明色的裙子则会给人一种不安定的轻快感，如图2-6所示。

图2-6　色彩的轻重感

2.2.5 色彩的视错

视错是一种视觉上的错误，即人的视觉所观察到的物体与客观实际不符。例如：将同一块蓝色分成三等份，将其分别放在一块玫红色的纸板上，一块红色的纸板上以及一块黄色的纸板上时，会发现同一种蓝色因纸板的不同，色相也随之改变。与玫红色纸板上的蓝色相比，红色纸板上的蓝色偏紫色，而黄色纸板上的蓝色则偏绿色。这是由于当不同色相的色彩相互组合在一起时，色彩与色彩之间会产生相互竞争、相互排斥及相互影响的现象，从而扰乱正常视觉的观察能力，因此造成视觉差错，如图2-7所示。

色彩中，色相、明度、纯度等因素，由于组合的形式内容不同，会引起视觉上各种各样的观察错误。在服装造型中，若能合理地运用这些视错现象，可能会产生意想不到的艺术效果。

图2-7 色彩的视错

2.3 服装色彩与诸因素的关系

在服装设计中，色彩的运用不是独立的，必须要考虑与其他因素的关系。由于构成服装最终结果的因素是多方面的，仅强调色彩的作用，而忽视其他因素的存在是很难得到一个优秀的设计作品的。因此，只有在设计中不断地调整色彩与诸多因素的协调关系，方可创作出真正完美的设计作品。

2.3.1 服装色彩与面料的关系

在服装色彩中，不同的色彩给人不同的感觉，而这种色感是由面料质感体现的。服装面料的质感和色彩密不可分，一旦面料的质感发生变化，服装色彩的感情也会随之改变。进一步讲，同样的颜色，出现在不同面料上会给人不同的感受。例如同是一种黄颜色，出现在丝织面料上给人一种轻柔、华丽的美感；出现在毛织面料上会给人一种厚重、朴实的亲近感；出现在革类面料上则给人一种飘浮不定的距离感。服装的色彩附着在构成服装的材料上。在服装造型中，选用何种面料和选配何种色彩是非常讲究的。同样的色彩，因质地不同会产生极大的差别。

因此，在服装造型设计上不仅要考虑色相本身的调配，还要考虑与材料的相互结合，对于服装色彩的运用不得停留在对色彩一般性的认识和理解上，而应充分把握其面料质感与色彩之间的内在的关联性。从设计的角度而言，色彩与面料的有机组合是无止境的，它给设计师提供了无限的设计空间。

 ## 2.3.2 服装色彩与人的关系

2.3.2.1 与肤色的关系

肤色白皙的人适合各种颜色，其中明亮、鲜艳的色彩是最佳的服装用色；肤色较黑的人不适于穿暗色调或过于素净的冷色调服装；肤色偏黄的人不宜穿用黄色和紫色调的服装。

2.3.2.2 与体型的关系

体型较胖的人适合穿小花纹和竖条纹图案的服装，不宜穿大花形和斜条纹图案的服装，选择用色时应采用较深或冷色调的色彩；体型瘦的人宜穿横条纹、斜条纹以及大花形图案的服装，色彩宜采用浅而明亮的鲜艳色调。

2.3.2.3 与年龄、性别的关系

不同的年龄、性别选配不同的色彩是构成服装的一个重要因素。人随着年龄的增长，对色彩的认识和要求也不同。

通常来讲，儿童天真、幼稚、思想单纯，宜选用那些活泼、明亮、鲜艳、对比强烈的服装色彩。青年人好奇心理强、热情、想象力丰富，容易接受新事物，应选用那些清新华丽的时髦色彩。而中老年人知识丰富、性格成熟，故而选用一些含蓄的暗色调和中性色调的色彩效果更佳。

男女因性别不同，反映到内在气质及外在感觉上也截然不同。一般男性雄健、高大，所以宜选用庄重大方的色彩，如平静的青色、淳朴的灰色、严肃的黑色、深厚而坚实的褐色以及稳定的中性色等。女性秀丽、柔美，根据个人的喜好可分别选用热情的红色调、典雅的紫色调、沉静的蓝色调、含蓄的绿色调、纯洁的白色调以及华贵的黄色调等。

2.3.2.4 与人性格的关系

选择与人的性格相协调的色彩是构成服装美的另一个重要因素，每个人因成长的过程和环境不同，所以性格也不同，反映在对服装的色彩要求上也不一样。人们往往可以通过一个人的着装色彩了解这个人的性格。因此，对各类人物的性格分析就成为设计师在选配服装色彩时首先要做的工作。

从色彩的象征性以及对人们的普遍心理及性格分析中可知：性格温和的人多喜欢温

暖的色彩；性格内向的人多喜欢沉静的色彩；性格爽朗的人多喜欢明快的色彩；性格刚烈的人多喜欢红色或对比强烈的色彩。

总之，要得到与穿着者性格相符合的色彩，就必须认真分析着装者的性格特征，才能达到目的。

🎽 2.3.3　服装色彩与环境的关系

从着装环境来看，服装的色彩主要是给穿着者以外的人观赏的，所以，服装设计对于色彩的处理需考虑与着装环境相互衬托及相互融合的统一关系。局部与整体协调，是人类审美的重要标准之一，服装色彩和环境的关系也是一样。有配色经验的人都知道，当一块艳丽的色彩放在一大堆艳丽的色彩之中，它便失去其艳丽感；而一块不太艳丽的色彩，将其置于一大堆低纯度的灰色里时，却能产生出非常艳丽的色彩感觉，这就是环境的关系。

从服装的视觉感受上看，色彩最能营造出服装的整体艺术氛围，在时装展示中尤为突出。服装色彩处理得是否理想直接影响其展示效果，因为色彩往往给人第一印象。人们时常有这样的体会：当某人从远处走来时，最初看到的只是服装颜色，随着距离越来越近，看到的才是服装的款式造型和面料特征。服装伴随着穿着者进入每一个空间环境，如自然界、城市、乡村、会场、舞厅等。不同的环境会有不同的色调、氛围和情绪。服装在配色时需考虑到这些不同的环境因素对服装色彩的不同要求。服装的色彩必须与周围的环境相协调，才能使人感到赏心悦目、舒适愉快并产生心理上的平衡。例如田径场上，只有色彩艳丽、对比强烈的服装才能使人感到竞争的激烈和气氛的紧张，而课堂上只有学生穿着整洁素雅的服装，才能形成一个安静的学习环境。所以，在服装色彩与环境的关系上，协调是第一位的。

🎽 2.3.4　服装色彩与季节、气候的关系

服装的色彩与季节、气候的变化息息相关，不同的气候、季节对服装色彩的要求也不相同。

从气候的区域性角度可知，气候炎热的区域，服装宜选择浅色、明亮的色彩，因为这类色彩的服装具有反光强、散热性能好的功能。气候寒冷的区域，服装宜选择暗色调的色彩如黑、蓝、紫等，以及暖色调的色彩如大红、橘红、深红等。因为这类色彩易吸光、保暖性强，具有温暖的视觉观感。风沙和泥土较多的区域宜选择深色和耐脏色，如褐色、灰色等。因为这类色彩的服装耐穿。

从季节的角度分析：春天万物复苏，一片生机盎然，服装的颜色宜选用一些较为鲜艳的色彩，如淡红、淡紫、嫩黄、嫩绿等。夏天，烈日当空，强光耀眼，到处都是一片浓郁的墨绿，服装的色彩宜选用一些清淡素雅的色彩，如淡蓝、白、淡黄、明灰、中性的复色等。秋

季遍地金黄，属于收获的季节、成熟的季节，服装的色彩宜选用含蓄、偏暖的色调，例如黄、橙、赭、铁锈红等色彩。冬季，寒风萧萧，树木凋谢，北方的自然环境是一片灰白沉静的色调，服装的色彩宜选用一些稳重的暗色调。此外，有生气对比强烈的色调也不错。总之，要得到好的服装色彩效果，就必须抓住人的心理，根据不同的季节、环境、时间、潮流采用不同的色彩与之相呼应。

2.4 服装配色的基本方法

服装配色的目的是塑造美的服装视觉形象，使其具有强烈的艺术魅力和表达明确的思想性，起到美化人们生活及美化人们周围环境的作用，并充分地展示出它的服用机能。服装配色的基本方法包括以下几种。

2.4.1 调和

在服装配色中凡是优秀的服装作品，其色彩的配用均是既丰富多彩又和谐统一。调和的服装配色会给人一种赏心悦目的感觉，不调和的服装配色则会让人感到生硬、刺目、厌烦。可见色彩的和谐在服装配色中的位置是非常重要的。色彩的调和通常包括四种。

图2-8 单色调和

（1）单色调和 是指单纯的一种颜色应用它的灰度变化或明度的差别来配合获得的和谐效果，这种配色是最易取得调和的方法。如图2-8所示，深红色的裙子搭配浅红的上衣，但不足之处是容易产生单调感。

（2）类似调和 在色相环中，位置邻近的色彩之间搭配组合所产生的和谐感，即为类似调和，如图2-9所示。这种调和比前者变化丰富，往往能产生很多优美的服装配色。

（3）补色调和 补色调和是在色相环中相对应的色彩之间进行配用而取得的调和，又称为对比调和。这种调和是配色方法中最难的一种，若是运用不当，失败的可能性很大；但如果处理得好，则会产生非常迷人的配色效果，如图2-10所示。

图2-9 类似调和

（4）多色调和　即使用四个或四个以上的颜色进行搭配所得到的调和。这种方法在使用过程中，不能采取各色等量分配的方法，而应是从中选出一个主导色，并排划出其他色彩的大小配制顺序，如此才能取得调和的效果。例如：在整套服装中，占大面积的，像长衫、外套、套装等宜选用一种颜色，即主导色。像短衫、衬衣、鞋、帽、手套、皮包等这些所占面积比较小的衣服和服饰品，则按照其在整套服装中所占的分量大小来确定其色彩的鲜艳度和秩序性，使之既能和主色调保持统一，又可以起到一种活跃气氛的作用，如图2-11所示。

图2-10　补色调和

👕 2.4.2　色彩面积的比例分配

色彩面积的比例分配直接影响配色是否调和，无论上述哪类调和，其关键都在于如何掌握面积比例分配的尺度。一般从数量而言，当两种色彩配合时，应让一种色彩的面积大些，另一种色彩的面积小些；三种色彩配合时，其面积分配为：第一种大量，第二种适量，第三种少量。

从色相、明度、纯度的角度而言有如下规则。

（1）色相　面积应让一种色彩占优势，其他色彩处于从属地位。如万绿丛中一点红，即是一个典型的例子。

（2）明度　明度的面积分配可视需要灵活掌握。若想得到明快的色调，就让明亮的色彩占主体；如要得到庄重、沉稳的色调，就让低明度的色彩成为主体。

（3）纯度　纯度低的色彩在应用时其面积通常大于纯度高的色彩面积，一般可得到和谐的效果。

图2-11　多色调和

👕 2.4.3　色彩的平衡

在服装的配色上，要注意色彩在造型中的平衡问题。平衡的色彩会让人在视觉上产生安定的感觉，如图2-12所示。在服装造型过程中，若想取得平衡，色彩的配用就要注意以下几个方面：①使色彩的搭配在服装造型中达到上下平衡、左右平衡、前后平衡；②使色彩的明暗度在服装造型中达到上下平衡、左右平衡、前后平衡；③使色彩的高低彩度在服装造型中达到上下平衡、左右平衡、前后平衡。

图2-12　色彩的平衡

2.4.4 色彩的节奏

色彩的节奏，即利用色相、明度、纯度的改变，在服装造型上重复使用所得到的律动感，如图2-13所示。在服装配色中一般包括两种节奏形式。

①以同一种色彩在服装不同的部位重复出现而形成的节奏感，如在服装的领子、袖口、口袋饰以同色的装饰材料而获得的节奏感。

②层次节奏，以色彩中不同的色相、不同的明度、不同的纯度按照其各自的特点，依顺序排列的形式组合在一起所产生的节奏感。

2.4.5 色彩的强调与点缀

利用合理的色彩搭配，对服装的主体部分进行强调与点缀是设计师在设计中所常用的方法之一，如图2-14所示。强调与点缀的色彩既可用对比色，也可用同类色。对比能够增强吸引力，统一能够增强稳定感。在一套服装中强调与点缀的部位不宜过多。通常情况下，一至两处为宜。过多则乱，会分散视觉上的注意力，所谓多中心而无中心就是这个道理。

2.4.6 色彩的间隔

色彩的间隔指的是利用无彩色，即黑、白、灰、金、银以及有彩色的细线，对那些对比过于强烈而产生不和谐的色彩搭配进行分割，缓冲过渡和谐衔接，而形成调和统一的美感。图2-15所示色彩的搭配对比过于强烈，在腰间加一条黑色的宽腰带进行分割过渡就会使其上下衔接自然，产生和谐的效果。

图2-13 色彩的节奏　　　图2-14 色彩的强调与点缀　　　图2-15 色彩的间隔

2.4.7 色彩的统一与变化

统一与变化是一对矛盾，过度的统一会令人感到呆板，没有生气；而变化过多会使配色陷于混乱，没有秩序，如图2-16所示。在服装配色中能够正确地处理色彩之间的关系并不容易。要经过长期的艺术实践后，方可真正地灵活运用。通常一套服装上配色的数量不宜过多，一至两种色彩即可，这样配色才能形成明确的统一色调。而在此基础上再加上适度的点缀色彩，在统一中求变化，即可创造出一个既统一又有变化的色彩环境。总之，统一与变化是服装设计中贯穿始终的重要方法。

图2-16 色彩的统一与变化

2.5 流行色与服装设计的关系

流行色是指在某一时期、某一地区、某几组色调为大多数人们所钟爱的色彩。它既有倾向性与季节性，又有清新感和愉快感，是这一时期最具象征性的代表。它是由英国、法国、德国、美国等国家及地区的有权威并可信赖的世界性色彩学研究机构，经过科学的研究而预测出来的，如图2-17所示。

在人们生活中，流行色最具普遍意义的代表即是服装。人们在选购服装时，通常都会考虑色彩是不是时下最流行的。好的服装造型只有结合流行的色彩方可被人们所喜爱，而流行色的推行也需要借助相应的服装才能展示它的活力。流行的东西，通常是因人们共同爱好而造成的。相对时间内人们认为流行的东西就是美的东西。因为追求美好的东西是人的天性。只有共同的追求才能形成流行。流行色也不例外，即流行色就是美的色彩。

人类生活中，衣、食、住、行，衣字为先，所以流行色对服装的影响也就最大。一个服装设计师若不能迅速准确地及时掌握流行色的信息，并将其运用到服装造型中，即使款式造型设计得再美，也无法成为人们所青睐的对象。因此流行色与服装造型的关系是非常密切的，就如同花和阳光、鱼和水。

图2-17 流行色与服装设计

3

服装的外形

3.1 服装外形的特征与种类

3.1.1 外形的特征

所谓外形是指衣物造型的整体外部轮廓。在服装设计中，外形即是衣服的根本所在。

3.1.1.1 外形与流行

衣服外形的设计特点是由当时的年代和潮流来决定的。外形展示着时代的流行特征，同时流行也借助外形的进一步传播来扩大其影响，二者之间密不可分。在服装的流行过程中，除样式、色彩、面料等因素外，服装前后左右的外形也是相当引人注目的。因而，一般服装设计师的作品展示会都是以轮廓造型为主体进行发布，并且体现着浓郁的时代特色。人体是由躯干部、四肢部以及头部所组成的。当人们穿上衣服时，人体的外部轮廓就会被衣服所覆盖，从而形成一种以服装的外观形态为主体的空间造型。从服装流行的历史来看，这种形态有时会以肩、胸部为强调的重点；有时会以臀、腰部为突出的重点，如图3-1所示，有时还会以头部或臂部等部位为表现的重点等，组成各个不同时期的流行风格。人们从衣服的外形特征上即可知道该衣服属于哪个时期的产物，适合在什么样的场合中穿用等。因此，服装设计师在设计服装的外形时，能否把握住时代的脉搏，并不断地设计出能引导人们消费的流行服装，就成为衡量一个设计师水平高低的重要标志。

图3-1 李天宇作品

3.1.1.2 外形与材料

服装的外形是借助于衣料的质地塑造出来的，即服装的外形就是衣料的轮廓。二者互为一体，密不可分。随着科学技术的进步，纺织业迅猛发展，新的花色面料层出不穷。衣料更是包罗万象，有轻的、重的、软的、硬的、厚的、薄的等不同的特点，而这些不同特性的充分展示往往是借助于服装的外形体现出来的。以厚重的面料和轻柔的面料来进行比较，前者能塑造出强硬、沉着的服装外型，而后者则表现出顺乎身体的线型，呈现出柔和、优美的服装外形。两者恰好形成对照，由此可见，服装的外形能够很好地体现出材料的不同特性。

3.1.1.3 外形的个性

每件衣服都有属于自己的风格，外形除了表现形态、衣料之外，还能表现出衣服本身的个性。例如年轻型的、通俗型的、高雅型的、活泼型的等，这些都能够帮助人们来识别服装不同的类型。现在就从以下实例中，来具体感受一下外形所体现的个性特征。

（1）年轻的外形 观察图3-2这款服装外形，能够直接感受到青春的气息。它显得生机勃勃、敏捷、新鲜、非理性并具有适合青年人的机能性。

（2）通俗的外形 图3-3所示的普通的连衣裙外形，任何女士都能够安心地穿用，不用担心他人的指责。也许它不具备华美的外表，但质朴、大方却是不可否认的。在夏季，无论什么时间穿，都会显得平和、无可挑剔，而且超越了年龄的限制。

（3）高雅的外形 图3-4所示的裙装外形看上去高尚典雅，比例完美，而且显得柔和、安详、平易近人。虽然洋溢着年轻的气息，但是却并不属于少女的装扮。

由以上三例可以看出，外形的确是设计的关键，也可以说是服装设计的根本。凡是流行服装的设计，肯定都要从外形的构思入手。

图3-2 李秋慧作品

图3-3 袁玉丹作品

图3-4 袁玉丹作品

👕 3.1.2 外形的种类

近年来服装流行趋势中所体现的外形特征，基本包括以下12种形态。

（1）四方形（腰部宽松） 身体部分和肩部较宽，侧边呈直线造型，肩部通过加放垫肩使其形成方肩型（也有使用垂挂性面料作落肩袖设计的），下摆不收或略收，整体外形看上去犹如一个四方形，如图3-5所示。

（2）椭圆形（圆形造型） 整体宽松，肩部呈宽大的圆弧形状，在下摆处变窄，略微收起，如图3-6所示。

图3-5 四方形服装（段旎作品）

（a）段旎作品　　　　　（b）肖亚楠作品　　　　　（c）王婧如作品

图3-6 椭圆形服装

（3）倒三角形（V型造型） 肩部较宽并且加入垫肩，至下摆处缩窄，收紧。整个造型呈现一种庄重、向上的风范，如图3-7所示。

（4）直筒形（H型造型） 最大的特点就是腰部宽松，这种廓型已经持续流行了数季，尤其是在春夏两季更是流行服装的主流之一。当然这种廓型也不是固定的，不同点就在于它的宽松程度不同，如图3-8所示。

（5）腰部合身型（下摆张开的X字形造型） 这种外形的腰部合身收紧，下摆线条打开。裙子是用打褶或波浪形来营造出宽松的效果。肩部线型大多采用宽肩处理，有些呈方肩形线条，或加入垫肩，或在袖山上打褶，使其形成一种宽松蓬扩的感觉，如图3-9所示。

（6）腰部贴合型（下摆呈窄裙状的花瓶形造型） 这种外形是通过在肩部进行塑肩处理，使肩部呈阔肩形。而腰部至臀部间的线形，则紧贴人体形成圆滑的曲线，整体上看类似一

**图3-7 倒三角形服装
（黄往冶作品）**

（a）李天宇作品

图3-8 直筒形服装

（b）张倩楠作品

（a）秦嗣勇作品

（b）张佳慧作品

（c）骆祎莎作品

图3-9 腰部合身型服装

支花瓶。此种外形如果是作套装或作两件式的衣服，上衣的长度一定不要超过腰节线，如图3-10所示。

（7）梯形造型（底摆宽松型） 肩部不做处理或少做处理，衣身侧摆缝从上至下宽出，呈现出斗篷形状。整个外形看上去给人一种上细小、下宽大的感觉，如图3-11所示。

（8）美人鱼型 上半身至臀围处为止与腰部贴合式造型相同，仅是裙摆处由收缩后再打开，犹如美人鱼的尾鳍，故称为美人鱼型，如图3-12所示。

（9）自由型（贴腰窄下摆） 自由型是近来最具代表性的流行外形，其特征是通过强调肩部使得腰间看起来更加纤

图3-10 腰部贴合型服装（张宇婷作品）

细。腰部至臀部的平滑曲线和缩小的裙子下摆共同形成小气泡式的圆形弧线造型，看上去给人一种自由浪漫的感觉，如图3-13所示。

（10）贴腰蓬裙型（下摆张开） 这类造型的服装腰部采用贴合式的塑造方法。裙子通过加放衬裙（纱绸面料）或通过在腰部至臀围线处做塑型处理，将裙摆支撑开来，形成比较宽阔的造型特征，颇具古典风范，如图3-14所示。

（11）细窄型（瘦身型） 细窄型是一种精简贴身的造型设计，颇有罗曼蒂克的风格。在任何一种流行主题中，均可以看到这种修身适体的服装外形。它是一种广受欢迎，高雅且又不受流行所左右的外型设计，如图3-15所示。

（12）三角形（A型） 该造型与梯形设计颇为相似，只是三角形的肩部采用自然形的设计方法，不使用垫肩，腰部也略微收起。整个外形呈上小下大的造型特点，如图3-16所示。

关于服装的外形不是只有这些，但其他的外形基本上是在上述外形的基础上演化而成的。在服装的设计过程中，外形是非常重要的，它直接影响着一件衣服所受欢迎的程度。此外，应当注意的是在进行外形的内部设计时，要做到内外形式上的统一，不能因为内部造型的无序性而破坏了外形的整体风格。

（a）刘佳作品　　　　　　（b）滕慧作品

图3-11 梯形造型服装

图3-12 美人鱼型服装（梁欣祎作品）

图3-13 自由型服装（杨蕾作品）

图3-14 贴腰蓬裙型服装（姜雨欣作品）

图3-15 细窄型服装（孔祥霖作品）

图3-16 三角形服装（鲍玉婷作品）

3.2 服装外形的分割

3.2.1 外形的比例配置

　　服装的外形设计是设计师借助轮廓线、构造线、装饰线三者组合完成的。其中构造线与装饰线是按照不同的设计要求，在服装的外形线，即服装的轮廓线之内进行不同的比例配制，来完成最终的设计效果及不同的设计风格的。这种不同的比例配置共分为两种，即分割的比例和分配的比例。

　　（1）分割的比例 是利用轮廓至轮廓的线，以一定的面积分割成两份或三份及更多的等份，例如领线、剪接线、口袋线等。

　　（2）分配的比例 是指所分配的面积和整体面积大小的比较，如口袋、领结的大小等。通常被分配的东西大都含有装饰性的要素。

　　什么是构造线、装饰线和轮廓线？构造线实际上就是服装上的结构线，包括剪接线、裁断线、分割线等。装饰线是与衣服的构造没有直接关系，但却能使服装看上去更加富于变化，更加美观的线，包括装饰缝、刺绣、叠褶、荷叶边等。轮廓线就是穿着者将衣服穿上后所形成的衣服全面积的线条，即所谓的服装的外形。另外，有时构造线与装饰线的界限分得并不是那么清楚，即构造线也可充当装饰线，如裙子的抽褶、自然褶以及在结构线上缉压的明线等。

3.2.2 外形的分割方法

　　服装外形的分割是服装款式设计的基础和起点，当服装的外形被确定后，就要按照形式美的

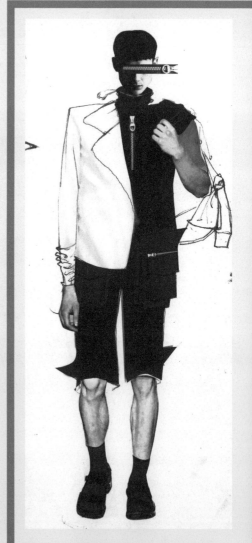

图3-17 垂直分割服装（祝冰昕作品）

法则，利用构造线（结构线）及装饰线对服装的外形进行具体的内部分割，从而来完成服装款式由局部到整体的设计工作。其分割的方法共包括下列几种类型：垂直分割，如图3-17所示；水平分割，如图3-18所示；垂直水平交错分割，如图3-19所示；斜线分割，如图3-20所示；斜线交错分割，如图3-21所示；直线分割，如图3-22所示；曲线分割，如图3-23所示；对称分割，如图3-24所示；不对称分割，如图3-25所示；规则分割，如图3-26所示；不规则分割，如图3-27所示。

图3-18 水平分割服装
（祝冰昕作品）

图3-19 垂直水平交错分割服装
（祝冰昕作品）

图3-20 斜线分割服装
（祝冰昕作品）

图3-21 斜线交错分割服装（王一辰作品）

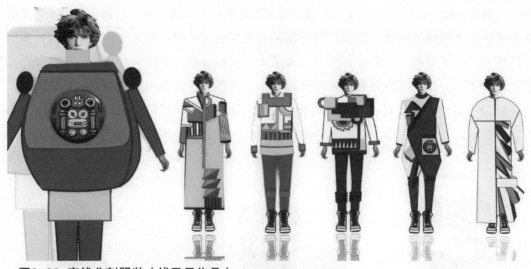

图3-22 直线分割服装（钱盈元作品）

图3-23 曲线分割服装
（史茗羽作品）

图3-24 对称分割服装
（王灏凝作品）

图3-25 不对称分割服装
（祝冰昕作品）

图3-26 规则分割服装（杨蕾作品）

图3-27 不规则分割服装
（李天宇作品）

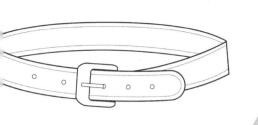

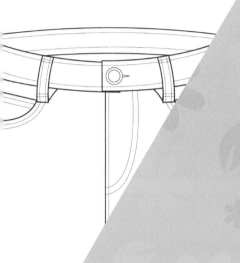

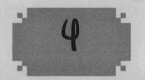

4

服装款式的局部及整体设计

4.1 服装款式的局部设计

　　服装款式的局部设计指的是和服装款式的整体造型相对应的各分部的造型，通常包括领型、袖型、腰头、口袋、门襟等。这些局部结构在设计过程中，除应达到自身的服用功能要求外，还要寻求与服装款式整体造型之间的相互关联性。一方面，对于服装的整体造型而言，各局部设计是构成和完善其整体造型风格的基础；另一方面，各局部造型在设计过程中又必须相互联系、相互调和，服从整体造型的需求。所以，保持好各局部与整款造型的主从关系，是服装款式局部设计的根本所在。

4.1.1 领型

　　领型是服装造型中的局部结构之一，在服装上处于中心位置，兼具美化和实用两大功能，是服装款式设计的重点之一。从审美角度，领型在服装的整体造型中具有装饰、强化、烘托和突出主体的艺术作用。从实用角度，领型具有防尘防风，抵御寒冷，透气散热及方便穿着等不同的功效作用。相同的廓型若领型改变，会产生出不同造型风格的样式。所以，对于领型的造型应当格外认真地加以研究。

4.1.1.1 领型的分类

　　依据领型的造型特点，通常可分为四大类，即立领、翻领、驳领、无领，如图4-1所示。

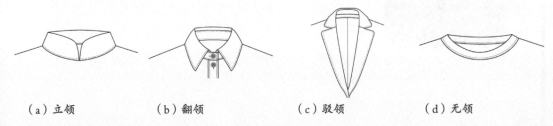

（a）立领　　　　　（b）翻领　　　　　（c）驳领　　　　　（d）无领

图4-1 领型分类

　　由于前三种领型是由外加领片与衣片相缝合而构成的衣领，因此，也称作装领。而后一种以衣服的领口线为基础，由领口的大小、深度来确定的衣领造型，又称为领口领。

4.1.1.2 领型的设计要点

　　（1）根据着装者的脸型及颈部的特点来设计领型。由于人的脸型差异是比较大的，有些脸型好看，相应的领型设计也相对容易；有些脸形不太好看，相应的领型设计难度也就较大。

因此，在设计时必须充分分析着装对象脸型的特征，并根据其特征来设计出能够发挥良好烘托或调节作用的领型。例如：用舒畅、简洁的V字形领衬托姣好、清秀的椭圆形脸型；用圆领衬托端庄饱满的方形脸型或圆形脸型；用大方洒脱的大翻领来缓和三角形脸型的尖削感等。此外，领型的造型还要注意和颈部的形态相协调。例如，让颈短的人穿上小立领的服装，让瘦长脖子的人穿上低V字形衣领的服装，这样的领型设计难以起到美化人、强调装饰服装的作用。

（2）领型的外形要和服装整体造型的风格相统一。不同款式的服装有着不同的形式美感。如年轻型的、通俗型的、高雅型的，还有前卫型和时尚型的等。而作为领型，同样也有不同的形式美感，如端庄感的、华丽感的、朴实感的、洒脱感的等。所以，在领型的设计过程中，一定要注意使领型的形式美感和服装款式的形式美感相互统一起来，才能创造出具有统一美感的整体造型。否则，若将造型较为严谨的领型搭配设计在相对活泼的服装款式上，就会造成一种不和谐的生硬感，让人感到不舒服。

（3）领型的设计应体现流行的特征。领型的变化在服装整体造型中是除服装款式的设计变化之外，又一重点的变化对象，其流行的特征非常鲜明。在成衣的过程中，应考虑人们对流行的追求。设计时，若流行趋势为小驳领，那么，就应在小驳领的基础上寻求变化，若是流行无领的领形，那么同样也应在无领的基础上寻求变化。

（4）领型的造型应符合工艺制作的要求及季节变化。图4-2是各类领型。在领型的设计过程中，工艺制作的方法是必须考虑的条件之一，由于再好的领型设计最后都必须借助工艺的制作加工来完成。因此，如果抛开了工艺制作的条件，其领型

（a）黄苡冶作品

（b）骆祎莎作品

（c）谢月作品

（d）王慧晶作品

（e）林熙承作品

（f）胥志轩作品

（g）刘佳作品

（h）于长霖作品

（i）骆祎莎作品

（j）常江作品

图4-2 各类领型

的设计就可能最终无法得以实现。另外，领型的设计还要考虑季节的因素，尤其是四季分明的地区，尤为重要。若忽略这点，仅注意其流行的特征，也有可能遭到设计上的失败。

4.1.1.3 领结、领带的种类和设计特征

领结与领带是领部设计的一个重要组成部分，起着装饰及衬托着装者美感的作用。领结与领带从造型特点上通常可分为两类：一类是独立存在的，是系结在衣领及人的颈部上的；另一类是与衣领连接在一起的，是衣领的组成部分。通常将条状的称为领带，而把系结成疙瘩形状的称为领结，如图4-3所示。

（a）领结　　　　　　　　（b）领带　　　　　（c）李祎航作品　　　　（d）姜雨欣作品

图4-3　领结与领带

领结与领带在设计时应考虑两个基本条件。

（1）领结与领带的造型特点应与穿着者的脸型及颈部相协调。例如：脸形大的应配大的或长的领结和领带；脸形小的应配小的或短的领结或领带；颈部短的，领结及领带系的位置应低一些；颈部长的，领结和领带系的位置应高一些。

（2）领结和领带的造型及系结方法应与领的式样相协调。例如：领结一般系在驳领内，领带应系在领面下；窄驳领应配大领结，宽驳领应配小领结等。

4.1.2　袖型

通常将服装造型中遮盖手臂的部分称为袖子，袖子也是服装的重要组成部分。不同的袖型设计会使服装的整体造型产生不同风格的美感。

4.1.2.1 袖型的分类

根据袖型与衣身的结合关系，袖型通常可分为四大类。第一类称作连袖，即袖子和衣身是一体的，中国传统服装多以此类衣袖为主。第二类称为装袖，即袖子与衣身在人体的肩关节处相互连接，这类袖型又称为制服袖。第三类称为插肩袖，即袖子与衣片的连接是由人体的腋下经肩内侧延至颈根而成。第四类称为无袖，即以衣身的袖窿为基础而加以变化所形成的袖型，如图4-4所示。

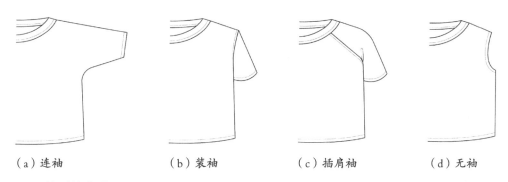

（a）连袖　　　　　（b）装袖　　　　　（c）插肩袖　　　　　（d）无袖

图4-4　袖型的分类一

除上述四类衣袖的分类方法外，还可视衣袖的长短进行分类，如无袖、短袖、半袖、七分袖、长袖；根据衣袖的款式形态进行分类，如灯笼袖、西服袖、喇叭袖、落肩袖、借肩袖等，如图4-5所示。

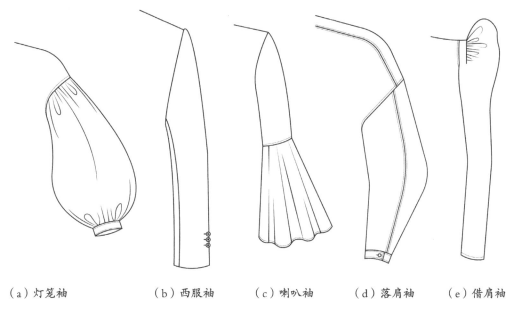

（a）灯笼袖　　　　（b）西服袖　　　　（c）喇叭袖　　　　（d）落肩袖　　　　（e）借肩袖

图4-5　袖型的分类二

4.1.2.2 袖型的设计要点

（1）根据着装者的肩部特点设计袖子　人类因为各自的生长环境、生理发育不同，所以在人体形态上有所差异，就其肩部而言也有所区别。通常将这些不同的肩型划分为五类，即正常肩类、平肩类、塌肩类、冲肩类以及高低肩类。在设计袖型时考虑这些不同的肩型特征是非常重要的，否则很难得到优秀的设计作品。一般情况下，正常肩适于各类袖型；塌肩不适合穿插肩袖或连袖，适合穿袖山窿起的灯笼袖或泡泡袖；平肩与冲肩适合穿连袖或插肩袖，而不宜穿灯笼袖和泡泡袖；高低肩者，需用垫肩将肩部先垫平然后选择袖型，所以不适合设计那些不便加放垫肩的连袖型或插肩型衣袖，如图4-6所示。

（a）吴玮宗作品　　　　　　（b）黄荏冶作品　　　　　　（c）滕慧作品

图4-6　各种袖型的服装

（2）袖型的设计应和领型及衣身的造型风格协调一致　在服装的款式设计中，从形式美的角度出发，通常情况下，相对宽松的袖型（包括灯笼袖、泡泡袖等）搭配轻便、活泼的无领或小翻领及荷叶领，可带给人一种谐调的美感（图4-7）。而选配驳领、大翻领等就会给人一种生硬感，显得作品设计不够成熟，反之亦然。此外，如果衣身较为宽大，那么袖型也应宽大。而若是袖型较窄，则必须加大袖型的长度，使之得到一种视觉上的平衡。衣身比较适体，

（a）胥志轩作品　　　（b）骆祎莎作品　　　（c）吴玮宗作品　　　（d）史茗羽作品

图4-7　袖型设计与衣身造型风格

袖型也应适体。若衣身上小下大，可视追求的风格而定，若是追求活泼风格，可将衣袖与衣身倒置，即袖型上大下小。若追求端庄、稳定风格的，衣袖则也要上小下大。总之，袖型的设计只有和服装的整体造型风格保持一致，才能创造出和谐的美感。

4.1.2.3 袖型的样式变化

袖型的样式变化，可通过改变袖型和衣身的连线，袖身与袖口的关系，得到不同特点的各种袖型的造型。另外，也可通过加饰绣花、纽扣、拉链、花边、系带等方法进行变换，丰富袖型的造型种类，如图4-8所示。

   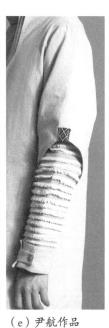

（a）李祎航作品　　（b）常江作品　　（c）骆祎莎作品　　（d）谢月作品　　（e）尹航作品

图4-8　袖型的样式变化

4.1.2.4 袖型的造型设计应体现流行趋势的特点

袖型的设计和领型基本相同，也有流行的因素包含在内。有时可能流行无袖的袖型，有时则可能流行窄袖的袖型等。考虑到人们对流行的崇尚，因此袖型的设计除应考虑与穿着者的关系、与衣身的关系、与衣服其他局部造型的关系外，还需考虑流行的趋势，如图4-9所示。

（a）李天宇作品　　　（b）刘可言作品

图4-9　袖型的造型与流行趋势

4.1.3 腰头及腰带

腰头和腰带同是构成服装的重要组成部分，而且作为视觉上的分割线，它们的上下移动直接影响着服装的比例关系，是服装款式设计中的重点塑造对象。腰带通常指的是系结于腰部的各类带子，而且是独立存在的。腰头指的是和下装相互连接在一起的腰部，如裙腰、裤腰等，如图4-10所示。

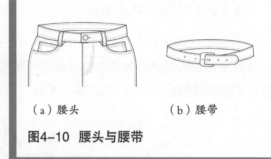

（a）腰头　　　　　（b）腰带

图4-10　腰头与腰带

4.1.3.1 腰头与腰带的构成形式

腰头是由腰头的宽窄、叠门的变化、襻带的大小和数量以及扣子的位置和式样决定的。腰带是由腰带的宽窄、粗细，腰带扣的造型和扣系方式来组成的。

4.1.3.2 腰头与腰带的设计要点

（1）腰头与腰带的式样应适合穿着者的体型　例如：腰粗的人宜束窄而细的腰头或腰带；腰细且个子高的人宜束粗而宽的腰头或腰带；腰节高的人，腰头或腰带通常以窄细为主；腰节低的人，腰头或腰带应以宽高为主；直腰身的人不宜束腰，如图4-11所示。

（a）姜佳晨作品　　　　　（b）梁思齐作品　　　　　（c）尹航作品

图4-11　腰头和腰带与穿着者体型

（2）腰头和腰带的造型特点应与服装的整体造型相协调　例如：外形风格粗犷的服装应配粗犷的腰头及腰带；外形庄重大方的服装应配典雅的腰头或腰带；外形风格纤细的服装宜配精致的腰头或腰带。晚礼服若配以宽大的腰头或腰带，其晚装的美韵可能就会荡然无存。另外，腰头和腰带的造型及服装款式中其他各局部的造型相互协调统一，也是十分重要的，如图4-12所示。

（a）段旎作品　　　　（b）田佳思作品　　　　（c）姜艺徽作品　　　　（d）魏爽作品

图4-12　腰头和腰带与服装整体造型

（3）腰头和腰带的设计需符合流行趋势　受审美心理的作用，人们有时会认为细窄的腰头或腰带美观，有时又会认为宽腰的腰头或腰带美观，故而形成不断变化的流行趋势。在设计服装的腰头或腰带时，注重流行趋势的特点也是非常必要的，特别是在设计批量生产的成衣时，更应以流行的特征而定。图4-13及图4-14分别为腰头及腰带的设计实例。

（a）李天宇作品　　　　（b）罗美嘉作品

图4-13　腰头设计实例

（a）王金秋作品　　　　（b）有峻娴作品　　　　（c）张益宁作品

图4-14 腰带设计实例

4.1.4 口袋

在服装的造型过程中，口袋是必不可少的结构之一，与其他的局部结构相同，口袋也兼具实用功能和美化功能两大特征。

4.1.4.1 口袋的分类

根据口袋与衣身的结合特点，通常分为三种类型。第一类为贴袋，即直接贴缝在衣服表面上的口袋。这类口袋的造型变化多，装饰手法的运用也比较丰富，是相对容易取得设计效果的一类口袋。第二类为开线袋，又

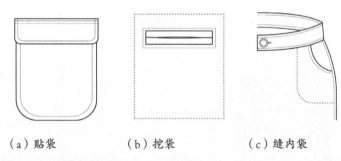

（a）贴袋　　　　（b）挖袋　　　　（c）缝内袋

图4-15 口袋的分类

称为挖袋，即在衣壁上直接挖取口袋。袋子在衣壁的里面，开口则留在衣面上。此外根据需要可以加袋盖予以掩饰，是缝制比较复杂的一种口袋。第三类为缝内袋，即袋口在衣片的结构缝合线中，袋子在衣片的下面，是比较简单的一种口袋造型，如图4-15所示。

4.1.4.2 口袋的构成特点

口袋的构成特点主要取决于口袋和衣片的关系、口袋自身的大小、位置的高低、形态的特征，以及袋口与袋盖的关系等。另外，缉压明线、镂空、贴花、刺绣等装饰的方法和改变其扣、襻、带的系结方式等，同样也可以丰富口袋的造型特点，如图4-16所示。

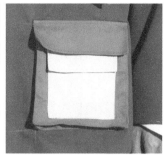

（a）马路平作品　　　（b）于长霖作品　　　（c）于长霖作品　　　　　（d）吴玮宗作品

图4-16　口袋的构成特点

4.1.4.3 口袋的设计要点

（1）口袋的位置大小应适中，要以适合人手的插放为原则。

（2）口袋的形式应与服装的造型特点相协调。若衣服的造型是以硬式设计的风格为主，其口袋的造型也应以直线的分割设计为主。

（3）口袋的面积安排应与衣身的面积成正比。例如，衣服的造型以宽大的风格为主，口袋的面积就应该大些，反之就应小些，如图4-17所示。

（a）潘昱昊作品　　　　　　（b）尹逸凡作品　　　　　　（c）马路平作品

图4-17　口袋设计要点

（4）口袋的装饰手法应与其他局部相一致。服装内部各因素之间的相互调和是服装设计的前提条件之一，由于只有内部造型取得调和的服装，其外观特点才能给人一种赏心悦目的快感。因此，口袋的造型无论是从哪方面都应当与服装其他各局部的造型取得相互间的统一协调，因为只有这样，才能确保服装最终达到完美的视觉效果，如图4-18所示。

（a）陆瞳作品　　　　（b）向袁云舒作品　　　　（c）史茗羽作品　　　　（d）张慧宇作品

图4-18　口袋装饰手法

🟦 4.1.5　门襟

门襟是衣服前身的衣领开口，它不仅具有穿着便捷的实用功能，同时也是服装的重点装饰部位，如图4-19所示。门襟的构成形式通常是左右相互重叠，重叠的部分被称为搭门，重叠时露在外表面的为大襟，里面的为里襟。在设计过程中，有时为了功能上的需求，设计师也常在服装的肩部、摆缝、后背、腰部等处设置一些开口，这些开口无论它们和衣领有无关联或尽管它们的设计原理与门襟相似，但依然称为开口，而不可以叫做门襟。图4-20是门襟设计的细节实例。

图4-19　门襟

（a）秦嗣勇作品

（b）于艺晨作品

（c）于婷婷作品

（d）潘昱昊作品

图4-20　门襟设计的细节实例

4.1.5.1 门襟的分类

根据门襟的造型特点，门襟基本上分为九种类型，即单排扣门襟、双排扣门襟、半开襟、通开襟、对襟、搭襟、正对襟、偏开襟、插肩襟。

4.1.5.2 门襟设计的要点

（1）门襟的装饰手法应和其他各局部的方法相互协调、衬托。

（2）要与领型的造型风格协调一致，衔接自然。

（3）注意扣子的排列方式要与门襟相调和。

（4）门襟的设计应符合工艺制作的要求。

4.2 服装的整体设计

"整体"是指服装的整体造型，若设计任务是单件服装的设计，则整体就是指围绕着这件单一的服装款式而展开的设计。若设计任务是一个系列的服装设计，那么这个整体就是指围绕着这一个系列的服装款式而展开的设计工作。也就是说，无论设计什么，作为设计师均要将自己的设计对象看成是一个整体，并运用自己已经掌握的设计知识来完成这个设计工作。

4.2.1 单体设计的方法

单体设计就是单件的服装款式设计，其整体的设计方法应按下列步骤进行。

（1）根据客户的设计要求及前提条件，确立设计的风格。例如是活泼型的、严谨型的等。

（2）根据设计的风格，确定服装外形的特点、色彩的选配和面料的选用。

（3）进行服装廓型内部的分割，设计安排比例的大小、色彩面积的分配和面料的配制。

（4）对局部进行设计，各局部应和整个服装的外型相适应协调。

（5）进行大小装饰比例面积的分配、组合安排，调整各部分的内在联系。

（6）利用统一的装饰手法进行整体上的内容充实与丰富。

（7）检查服装款式的整装效果是否符合顾客的要求，整体外观是否统一协调。

4.2.2 系列设计的方法

所谓系列，指的是成组、成套的具有内在关联的事物。服装的系列设计就是指有相互关系的服装群体的整体设计。

4.2.2.1 服装系列设计的分类

在服装系列设计中通常是以组成系列的服装数量来划分类别的。两件套的服装设计，称为双体设计，如情侣装、母子装等，是最小的系列组合形式；3～4件套的服装设计，称为小系列设计；5～6件套的服装设计，称为中系列设计；7～8件套的服装设计，称为大系列设计；9件套以上的称为特大系列设计。其中最为常见的是5～6件套的系列设计。

4.2.2.2 服装系列设计的原则

服装的系列设计，其难度要远远超过一般的单件服装设计。而且系列越大难度也就越大。由于在整个设计过程中，不仅要考虑到整体形式的统一，还要考虑到每一款作品的独立性，因此，服装系列设计的成败关键在于设计得能否在等质类似性原理的基础上，把握好统一与变化、对比与协调的关系。

所谓等质类似性原理指的是事物在发展过程中既以相同的量相互联系，又以各自不同的特征相互映衬两个方面。

在系列服装的设计过程中，构成服装的同一要素，如廓型、色彩、面料、着装的方法、装饰的手法、制作的工艺等，单个或多个的同一要素在各款服装上反复出现，就会造成系列服装中的某些内在联系，而使得整个服装系列具有一种统一的形式感，而且这些同一要素在系列服装中出现的越多，其统一感也就越强，从而使人们在视觉及心理感应上形成连续性，起到了增强这一组服装的凝聚力和排它性的作用。但是，与此同时，这些同一要素在系列服装中又必须做大小、长短、疏密、强调、正反等形式上的变化，使得各款服装之间又互不相同，每一件服装又有属于自己的特点与个性。即各款式服装虽然形式相当，但却又各具独立性，此即为等质类似性原理在系列服装设计中的运用。当然，应当注意的是同一要素的变化应适度。

服装系列设计最大的特点就是要具有时空上的延续性，同样的，统一与变化这一形式美的原理在系列设计中的运用，也已经不再是仅仅表现于某一件作品上，而是被赋予了更大的范围。所以，为使统一与变化这对矛盾在服装的系列设计中能够完美地结合起来，常用的设计方法是群体上保持统一的风格，而让单体进行局部的变化。

另外，在服装系列设计中，设计的重点是依据服装的风格来确定的，而且构成服装的各个因素均可升华为设计的重点。例如：当以服装的形态为设计的重点时，其整个系列设计的风格表现，均应围绕着形态的特点来展开设计。而当以面料为设计的表现重点时，其系列设计就应当以表现面料的搭配、质地的肌理等为主来展示设计的主题。系列设计只有给人以鲜明的主题形象，方能使人留下深刻的印象。

4.2.2.3 系列服装设计的方法步骤

（1）按照设计要求，确立整个系列的总体风格和表现主题。

（2）根据总体风格、确定外形的特征。

（3）安排外形分割的比例面积。

（4）确定共同的因素，进行色彩的搭配，面料的选用。

（5）进行各局部的造型设计，并协调和外形之间的关系，调整各款式的内在联系。

（6）利用统一的装饰手法进行整体的装饰点缀，加强系列性。

（7）检查系列设计的统一感与整体效果是否符合设计的要求，能否体现最初的主题思想。

4.2.2.4 系列设计的实例

图4-21、图4-22为系列服装设计实例。

图4-21 系列服装设计实例一（鲍钰婷作品）

《畸形的母爱》（Arachnid Mother）

图4-22 系列服装设计实例二（刘嘉豪作品）

《穿条纹睡衣的男孩》

5

服装设计的
材料应用

5.1 服装材料的分类及特点

5.1.1 服装材料的分类

根据构成各种衣料的织物原料，可将服装用料分为以下三类。

第一类：纤维制品。如天然纤维、人造纤维、合成纤维三种纤维制品。

第二类：裘革制品。如皮革制品、毛皮制品两种。

第三类：其他一些特殊材料制品。如竹、木、石、骨、贝、金属等。

5.1.2 各类材料的特点

5.1.2.1 纤维制品

（1）天然纤维 天然纤维可分为植物纤维（棉、麻制品）和动物纤维（毛、丝制品）两类。

①棉 棉织品自古就是人类日常生活中的必需品，被大多数人所喜爱。古希腊时期，希腊人最具代表性的贴身衣服叫做开腾，就是用棉布制成的。

棉布的种类较多，应用的范围非常广泛，素有"衣料之王"之称，四季服装都能使用。其特点是经久、耐穿、易洗、爽快、舒适、价格便宜、吸湿性好、美观等。虽然它有易缩水、易褪色、落毛等缺点，但经过新的方法处理加工以后，已完全可以控制。而且这种改良的面料，其光泽、强度、柔软感、吸湿性等均比以前有更大的提高。所以在服装造型过程中，如能灵活地掌握它的特点，进行充分的利用，定能收到事半功倍的效果。

②麻 麻织品也是人类最先开始使用的衣料之一，约在1万年前的新石器时代就已经出现。上等品质的麻料，在古埃及是法老们逝去埋葬时专用的布料。

麻纤维具有较大的强韧性及良好的导热性，因而麻织品强力较高、质地坚牢、经久耐用。并且容易散发人体热量，出汗时不黏附人体，因此夏令时穿着会感觉凉爽舒适。所以被时装设计大师克里斯羌·迪奥尔誉为"夏季之王"。虽说麻料质地优美，但手感不及棉制品柔软，洗涤时不能使用硬性刷子及剧烈搓揉，以免引起布面起毛。

麻布通常包括苎麻布、亚麻布及黄麻、洋麻等其他麻布，其中亚麻布最为常见。

③丝 我国是蚕丝的发源地。近年来对出土文物的考古研究可知，蚕丝在中国已有6000多年的历史。远在汉唐时代，中国的丝绸就畅销于中亚及欧洲各国，在世界上享有盛

名。蚕丝是高级的纺织原料，以丝制成的衣料，具有多种优点。例如丝的可染性强，因而经过漂染的丝料通常都具有色泽艳丽、光感强的特点。由于蚕丝具有冬暖夏凉的特点，因此不仅可以作为冬装衣料，还可作为夏季衣服的面料。丝制品与人体皮肤之间具有良好的触感及轻便、滑爽的感觉，故而是男女内衣的最佳用料。丝纤维具有良好的弹性，蚕丝制的衣服贴身性很好，这也是其他纤维衣料难以做到的。

另外，丝制品还具有吸水和散热性能极强的特点，制成衣服穿着在身上时，即使含水量达到30%，仍无闷热和潮湿感，且衣料本身的干燥感觉仍可维持。

若说真丝面料有什么不足的话，那就是价格昂贵。因此，在服装的造型制作过程中一定考虑周到，尽可能减少失败。

④毛　由于羊毛有可塑性以及良好的弹性与伸长性，经高温处理的毛织品，长久穿着不会发生皱折，能较长时间地保持挺括。

羊毛不易导热，又有缩绒性，经过室温皂碱处理后，表面即可形成一层特殊的绒毛，能蕴藏大量的空气，同时由于羊毛有卷曲和压缩弹性，因此保温性能强。

再者羊毛的吸湿性也较高，因此毛织品的衣服穿着爽适。另外，羊毛表面有一层鳞片可保护纤维，故它的耐磨性非常好。

毛织品的不足之处是若含水量过高，又无充分的新鲜空气流通，容易发生虫蛀及发霉的现象。

毛织品面料的种类很多，可分为精纺面料与粗纺面料两大类。

精纺面料的毛纱支数一般在32支以上，多用双股线做经纬。经过精梳的羊毛，纤维顺直平行，因此织物表面光洁，织纹清晰，手感柔软、富于弹性，做成衣服后平整挺括，不易变形，是春季与初夏、秋季最好的服装用料。

粗纺面料通常采用20支以下的粗支纱。表面毛茸很多，毛纤维排列较混乱，经缩绒起毛处理后呢身厚实，手感柔软丰满，保温性良好，宜作秋冬服装及大衣外套。但在制作裁剪时要注意茸毛的倒顺方向。

（2）人造纤维　人造纤维是1884年在巴黎开发制造出来的，当时因为它与丝料非常近似，在很长一段时间内，一直被认为是"人造丝"，所以取名为人造纤维。它是利用不能直接纺织的天然纤维，如木材、稻草、棉秆、芦苇、高粱秆、甘蔗渣、棉短绒等原来含有纤维素的纤维原料，进行化学加工处理，把它变成和棉花、羊毛、蚕丝一样可以用来纺织的纤维。它主要分为黏胶纤维、醋酯纤维、铜氨纤维、蛋白质纤维四种。

与天然纤维一样，人造纤维织品的质量也有高低之分。由于迄今尚无主管部门对生产厂家要求在人造纤维衣料上附加注明品质的说明，因此在选购时，要仔细观察其质地的优劣，才能选择出能满足设计要求的材料。人造纤维虽然较为经济实惠，但也有令人不满意的地方，如易松散、缺乏柔软感、缝合不牢易产生裂缝等。

（3）合成纤维　合成纤维问世于20世纪初，它是利用煤炭、石油、天然气、石灰石等原料，经过提炼及化学合成作用制成的。它的主要品种包括尼龙、锦纶、腈纶、维尼龙、氯纶、乙纶、丙纶、氨纶等。

因为合成纤维是由化合物合成制得的，所以大量生产时比天然纤维制品便宜很多。这是合成纤维最大的优点。另外合成纤维还具有易保管、易洗涤、穿着简便的优点。它的缺点为通风性能差，与天然纤维衣料相比，穿起来皮肤感觉较差，而且容易产生静电反应和起毛现象。

人造纤维与合成纤维织品目前正在向纺毛、纺麻、纺丝等方向发展或与天然纤维在特性上相互取长补短，进行混纺，以改善织物的服用性能。因此，各类新型面料如雨后春笋，层出不穷。在服装设计时应认真识别各类纤维织品的特征，选择那些与服装设计的目的吻合的面料，以确保服装设计作品的统一性与完美性。

5.1.2.2 裘革制品

（1）皮革制品　随着社会的繁荣，人们物质生活水平的提高，各类皮革服装和服饰品，如手套、皮包、帽子、腰带、鞋靴等越来越受到人们的喜爱。尤其是在冬季里，因为皮革制品具有抗风性能强、耐磨、美观、帅气、不用洗涤、光亮、穿着舒适等特点。尽管价格较为昂贵，但仍是大多数人所偏爱的装扮，所以在服装市场上长久不衰，独领风骚。

皮革制品通常以牛皮、猪皮、马皮等原料为主。其中最常见的是羊皮制品，因为羊皮具有份量轻、柔软性能强、皮面光洁、质地细腻、货源充足等特点。

随着新工艺的研制，皮革的花色品种也在不断增多，为服装设计人员提供了更为广阔的设计领域。目前皮革制衣，除以皮料为主独立制作外，与其他各类面料，如丝绒、羽毛、针织品、平纹布以及各种铁、铜等金属品结合的皮制衣服越来越多。所以，在服装款式造型上广泛地运用各种皮料与其他材料相结合的创作方法，已成为目前流行的又一大时尚。

（2）毛皮制品　毛皮自古就被当作如同珠宝般珍贵的衣料。款式造型上不论是长及足踝或短至膝上，都能散发出雍容华贵的风采。毛皮的设计大多依其原有的色泽，以纹路和线条的表现为主，充分展示材料本身所具有的自然美、原始美。

随着加工工艺的不断完善，如今已可通过毛皮脱色与染色等新技术，使毛皮服装的款式造型能更加融入流行感及色彩化，能更充分地表现出设计师对毛皮的高度设计技巧。设计师在设计时，除了整件服装的造型均用贵重的裘皮作衣料以外，还可以发挥毛皮的局部作用。例如，像简单的款式，仅需在领口、袖口或下摆处饰以毛皮，即可同样达到雍容华贵的效果。毛皮的天然光泽及优良的触感是任何"人造品"所无法取代的，如图5-1所示。

由于毛皮衣物只适宜寒冷地区的人们穿用，如我国的华北地区、东北地区和西北地区等，因此毛皮衣物相对而言在服装中所占的比重并不大，再加上价格昂贵等其他客观因素，毛皮服装的生产量和销售量均不大。

（3）其他特殊材料制品　所谓特殊材料，就是指不常用作服装材料的物品，如竹、木、石、骨、贝、金属等。

这些特殊材料在如今作为塑造服装款式造型的素材，其目的和作用有以下三种。

①设计者利用上述材料的特性，来展示自己的意念和追求的艺术风格。

图5-1 毛皮制品服装

思凡（Sunfed），2017秋冬

②设计者勇于开拓服装材料的新领域，赋予上述特殊材料以新的生命和用途。

③通过利用竹、木、石、骨、贝、金属等物品进行装饰和美化服装，表现设计者追求自然、复古怀旧的心态。

5.1.2.3 辅料材质

服装辅料是除面料外装饰服装和扩展服装功能的必不可少元素。它包括里料、填料、衬垫料、缝纫线材料、扣紧材料、装饰材料、拉链纽扣织带垫肩、花边衬布、里布、衣架、吊牌等。

（1）造型材料　马尾衬、黑炭衬以及各种厚薄不一的黏合衬等，还有垫肩和制作礼服用的尼龙（绳），均是为了更好地塑造衣服形态的辅助性材料。利用这些衬料，一方面能够使面料更加挺括，另一方面能够弥补身体之缺陷不足。

①马尾衬　因为天然马尾衬是一种高弹性材料，柔软中含有刚气、坚挺中透着一种软硬兼具的服装衬布，所以马尾衬是当今国内外高档西装必不可少的辅料。它以纯棉纱或涤棉纱以天然马尾作为纬编织而成。用马尾衬制作的西服可根据人体曲线构成而定形。服装成形后丰满、服帖。此外，其抗皱性、洗后定形性更是其他材料无可比拟的，并产生永久的定形效果。

②马尾包芯纱衬　马尾包芯纱是用三股棉纱将马尾绞、绕、包、纺起来，形成无限长度的马尾包芯纱线。以棉纱为经，以马尾包芯纱为纬编织的马尾包芯纱衬，除具有马尾衬的各种性能外，在形式上门幅宽、衬料厚、风格粗放、弹挺力强。适宜做面料较厚、要求挺括大方的风衣、大衣、礼服、军官服衬以及服装肩衬等，也可与马尾衬配合应用。

③黑炭衬　黑炭衬是以羊毛、驼毛等动物纤维为主体，经过特殊加工整理成的衬布，也可与马尾包芯纱、化纤长丝配伍。因为其组织结构及纤维选材、基布经过定形和树脂整理，使其具有各向异性的特性，在经向具有贴身的悬垂性，纬向具有挺括的伸缩性，产品自然弹性良好，手感柔软挺括，保形性好。

（2）加固性材料　加固性材料主要包括黏合衬、纱带等。由于面料剪开后会有不同程度的散边，若是斜向裁开更加不好收拾，因此可用黏合衬使之牢固，还有领口、领片、口袋等部位零件常常需要这种材料加固。针织服装在肩部、裆部都需要使用纱带，这样使衣服不会变形。

（3）系缚物材料　除去弹力非常大的面料制作的服装外，衣服的穿着一定会借助系缚物材料。传统的系缚物材料主要包括纽扣、拉链、结带等。现在的很多设计，系缚物材料早已脱离单纯的实用性，有时甚至可以当作单纯的装饰。

①纽扣　纽扣在服饰中具有举足轻重的作用，它使衣物便于穿、脱。虽然后来出现的拉链，代替了部分纽扣的联系作用，但纽扣仍被广泛地应用。纽扣的材料包括天然的木头、贝壳、石头、金属、布、皮革以及人工的塑料、胶木等。

纽扣的审美功能特别明显，通常可以起到"点睛"的作用。一件普通的衣服，如果纽扣使用得有新意，就会改变衣服的面貌。通常，纽扣的风格应该与衣服的风格一致。我国的盘花扣是非常有特色的，从实用功能和审美功能上都特别优秀。近年国际上流行的中国风，其中借鉴最多的细节就是盘花扣。纽扣的实用功能仍然在发展中，人们希望纽扣具有多功能，而且更方便（搭扣、按扣、子母扣）。

②拉链　从第二次世界大战军服上的拉链发展至今，常见的有金属拉链、尼龙拉链。尼龙拉链中包括宽窄、粗细型号十分齐全的隐形拉链与黏合拉链等。在现代服装中，拉链是不可缺少的。与历史悠久的纽扣相比，拉链显得现代、活泼和前卫（常常纯粹用于装饰）。在朋克（Punk）风格的服装中，拉链的装饰作用就更为突出，经常可以在一件朋克服装的表面上看到十几条甚至更多的拉链。在实用功能上，拉链更保暖、更方便。特别是在登山服、防寒服这类需要严格防寒、保暖的实用服装中，拉链能够很好地起到隔绝冷空气的作用。艾尔莎·夏帕瑞丽是第一位将拉链用于高级时装上的设计师，当时的服装媒体评价她的设计能够让贵妇们闪电般地完成着装过程。现在拉链多用于便装、运动装、青少年服装，常常与牛仔布、皮革以及防寒类等硬挺面料配合。

③结带　结带应是最为原始的衣物系缚物，带子可为单独的织带（可以织出图案），也可以用面料制作，可以是单根的，也可以是编织的，手法很多。当更为便利的纽扣和拉链发明以后，结带则被采用得越来越少，而在近几年的回归及环保主题的影响下，结带给人的感觉是朴素、天然的，人们重新开始重视结带的审美趣味和功能。

5.1.2.4 新型服装材质的开发

随着科技和纺织业的发展，新的服装材料也在不断涌现，尤其是一些混纺面料，用两种或两种以上的纤维混合后织造而成。如麻腈混纺面料，既保持了麻织物的轻盈凉爽的特点，又增加其柔软性及易染色性，使织物色彩明快，挺括舒适。又如滑雪服的面料是在棉纤维中加入聚酯纤维后加热加压使两种纤维交连在一起织就而成，其具有两种纤维的双重特性。多种纤维的混纺并采用各种不同的技术处理，能使面料产生丰富多变的、不同性能、不同质感的特殊效果，从而适应了时代服装发展的需要。

5.2　不同材料与款式设计的关系及应用

5.2.1　不同材料与服装设计的关系

　　与其他造型艺术相同，当服装设计的最佳方案确定后，应选择相应的材料，通过一定的工艺手段加以体现，使设想实物化。在该过程中，材料的外观肌理、物理性能以及可塑性等均直接制约着服装的造型特征。长期以来，材料的选择及运用已成为服装设计中的一个重要因素。尤其是在现代服装设计中，用材料的性能及肌理来体现其时代风格的作品屡见不鲜。材料本身也是形象，设计师在材料的选择及处理中，保持敏锐的感觉，捕捉并观察材料所独有的内在特性，以最具表现力的处理方法，最清晰、最充分地体现这种特性，力求达到设计与材料的内在品质的协调及统一。

　　服装设计师从服装材料本身的性能中寻求服装造型的艺术效果，在某种程度上取决于他对材料的理解和驾驭能力，这是设计师必须掌握的一个基本的表达手段。从这个角度对材料进行研究及选择，不外乎将涉及材料的外观对人的心理效应（其色彩与纹样引起的视感）和生理效应（由质感与肌理引起的触感）的影响，以及材料之间的组合等方面。同时，还应将开发材料的审美特性看成是一种艺术创作，因为单纯地将材料的加工制作视为设计的体现已经远远不够，事实上材料在服装设计和制作的过程中，不仅能够体现纸面设计无法表达的艺术效果，而且往往可以获得超越纸面设计所预想的视觉效果。巧妙地、科学地利用材料本身特有的美感，是现代服装设计师的智慧所在。

　　服装设计是借助衣料的加工制作来完成的。构思服装的造型，有时是因为见到一块漂亮的面料而引发联想，来进行创作的。有时也会因为一件偶然的事件而引发设计的灵感，产生一个构思，然后选择合适的面料来加以烘托完善，这就是设计产生的由来。

　　例如：厚重的衣料，可产生粗重的服装线型；而轻盈的薄料子，则能够产生流畅飘逸的服装线型。因此在选择衣料时，必须考虑到所设计服装的目的和用途是否适合顾客的体形、个性和满足顾客的要求等方面的因素。衣料和服装设计是息息相关的，这可从两个方面来看：一是如果没有衣料也就产生不出流行的服装；二是衣料与造型、缝制技巧是相互关联的，面料的花色一旦繁杂，那么款式造型就必须简洁明了，以充分体现衣料的材质美，否则就会主次不分，影响服装的效果。下面具体讲述各类型衣料与服装设计的关系。

　　（1）有光泽的面料　如丝绸、锦缎、仿真丝及带有闪光涂层的面料等。这类面料由于布面光亮醒目，成衣后可使穿着者的体形产生膨胀感，有强调服装轮廓线的作用，因此为体胖者和瘦弱者设计服装时应注意合理地运用，如图5-2所示。

（2）无光泽的面料　如平纹布、皱纹布、粗织布等。这类面料由于布面光泽较暗，反光作用小，成衣可使穿着者的体形略显苗条，且服装的外观形态也不太明显。因此适合任何体形的人穿着，特别是对体胖者效果会更好，如图5-3所示。

（3）硬挺的面料　如合成纤维类材料、麻类制品、大衣呢等。这类面料由于挺括而不宜贴体，因此可增强体形的力度感，适合那些体态有缺陷的人或体形较瘦的人穿用。但若过分瘦弱者，采用此类面料进行造型设计则有强调缺点的感觉。而对体胖者而言，采用此类面料，如果设计得合理反而会使着装者显得端庄大方，如图5-4所示。

（4）厚重有膨胀感的面料　如毛针织品、粗毛呢等。这类面料有增大形体的作用，因此体胖者不宜穿用。而瘦小者也不宜穿用，因为面料会同穿着者产生一种对比强烈的视觉效果，使穿着者看上去感觉很沉重。所以这类面料比较适宜体态匀称者穿用，如图5-5所示。

（5）薄而透明的面料　如雪纺、纱罗、真丝绸等。此类面料会表露出穿着者的实际体态，所以在设计时应注意内衣与外衣的形式要统一。可以通过加衬料，利用造型分割和服饰附件等方法来完善设计，如图5-6所示。

（6）弹性面料　如针织面料、高弹梭织面料等。这类面料若是设计成适体服装时，对体态匀称者而言，可以充分地展示自己的形体美，而对体胖者及瘦弱者则是

（a）王冠文作品　　　　（b）贾圣楠作品

图5-2　有光泽的面料

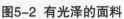

图5-3　无光泽的面料　图5-4　硬挺的面料
卓凡娜（JOVONNA），　（陈琪作品）
2019早秋

（a）塞卡（Saika），　（b）卓凡娜（JOVONNA），
2019春夏　　　　　　2019早秋

图5-5　厚重有膨胀感的面料

充分暴露其形体缺点的穿戴。当设计成宽松式的服装时，适合任何体形的人群，而且还具有掩饰形体缺点的作用，如图5-7所示。

值得提出的是，当今的服装设计思潮受"回归自然"之风的影响，使得服装的材料更加丰富多彩，天然纤维材料尤其受欢迎，诸如棉、麻、藤蔓、棕榈、花草等材料，被大量运用到服装造型之中。在西欧，每年两度的高级时装发布会上，设计师们多在开发新材料上大动脑筋，以新型材料完成设计的创意，使人耳目一新，从而建构自身作品的形式美感和独特的艺术风格。

此外，在现代服装设计的材料运用中，因为受"回归和怀旧"艺术思潮的影响，一些早已过时的材料及服饰用品又重新回到设计中来，成为一种被追求的、新的流行。例如古朴的怀表、旧式的烟斗和眼镜、过时的首饰、礼帽及手杖等，它们再度拥有了一种穿越时空的深邃的魅力，进而成为新的流行趋势。

（a）思凡（Sunfed），2015春夏　（b）卓凡娜（JOVONNA），2019春夏

图5-6 薄而透明的面料

（a）卓凡娜（JOVONNA），2019春夏　（b）朱悦作品

图5-7 弹性面料

👕 5.2.2 纹样面料的种类

服装面料的纹样通常有两种表现方式，即织物纹样和印花纹样。

5.2.2.1 织物纹样

织物纹样包括色织、线织、割绒、植绒、烂花等不同工艺处理的面料，这些服装面料除了具有不同图案，大多具有显著的类似浮雕感的立体状态，特别是根据面料材质的不同，造成各种丰富的肌理感织物纹样在为造型主题服务时，除了以色彩为造型服务，还必须根据需要以增强造型的力度为准则。

有时，织物纹样和印花工艺相辅相成。如提花类的印花织锦缎、染色锦缎面料等，色彩和图案在服装造型中更是千姿百态。服装设计师必须从这些角度开拓思路，大胆探索，不遗余力地认真比较，精心选材。

5.2.2.2 印花纹样

印花纹样比较多的面料是印花面料。面料由于不同材质、品种，其印制方式、工艺也不相同。因为印制的方式、工艺差异，从运用色的效果而言，有的简洁明了、有的五彩斑斓。对色彩造型活动来说，设计师应抓住感觉，抓整体的造型主旨。同样，服装设计师必须重视纹样面料，尤其是印花面料。

👕 5.2.3 纹样面料在服装造型中的运用

服装色彩在选用面料纹样上造型体现最为丰富，服装造型常用这一方法来加强主题的设计。面料纹样色彩包括色织和印花图案，对它们的选用将大大加强服装造型表达的力度。特别是很长一段时间来，服装选材注重质地，多数选用单纯的色泽或黑白灰，忽视了面料纹样色彩对造型设计的重要作用。

在服装造型中，同一款式采用几种纹样面料来制作，最终的形象感觉是非常不相同的。这种变换能够影响设计的主题，也可改变穿着者的形象，但不恰当的改换则将破坏色彩和服装款式的统一。

服装造型表达要重视面料图案的选用，特别是图案的内容、纹样色彩所表现的意境，是服装设计师构思创作不可缺少的重要前提。当今流行色、流行主题的创作是色彩、纹样、造型高度完美的结合体。

面料纹样色彩在服装造型设计中应从纹样内容和纹样种类两个方面了解。

5.2.3.1 面料纹样内容

（1）几何纹样　服除条格纹样外，几何形块的纹样变化也非常丰富。如三角形、小方块、圆点等，这些图案活泼生动，视觉变化多。结合点线面学习，可认识到，它能改变服装整体的构成感觉。因此，掌握好几何纹样面料的选用，可以帮助服装设计师利用有利的因素，掺入设计意图之中。几何纹样在造型构思上，可以结合服装线面关系交织在一起进行渐变、突变、打散重组，造成形象个性的强弱、虚实、近远、起伏等，如图5-8所示。

图5-8 几何纹样

卓凡娜（JOVONNA），2019早春

（2）形象化纹样 很多面料纹样内容是形象化的，比如服装面料好多都是以花卉、植物草叶为主题的。儿童服装面料的纹样多是以动物、玩具为内容的，其他的还有自然风景、交通工具甚至中外文字等。面料纹样的具体内容对服装造型来说是一个整体，它直接

图5-9 形象化纹样

思凡（Sunfed），2015春夏

体现了造型意义，如牡丹富贵、月季多姿、兰花清新、植物茎叶新鲜旺盛。纹样是一幅图画，它以各异的技法、风格、意境与服装造型进行配合，更以形与色一体的内容充分展现服装的个性。服装面料中纹样面料的运用为设计师造型设计提供了无穷的帮助，学习造型设计是面料纹样运用应具备的相应的专业知识，如图5-9所示。

5.2.3.2 纹样面料造型表达

纹样面料的色彩由于面料品种与加工工艺不同，使得组成面料的色彩因素更加复杂。服装造型中这种材质与色彩交互影响的因素，为增强造型形象感显示了较大的能动性。因此，学习服装造型表达，在掌握服装色彩的基本规律的同时，要求从两个方面加强纹样色彩，即纹样色彩和造型的统一，织物的纹样、织物的色彩与造型的统一。

（1）纹样色彩与造型的统一 纹样色彩和服装造型要求保持统一。近代纹样设计中，设计师很注重不同图案和不同的流派风格，古典的纹样常与典雅含蓄的色调成一整体，奔放潇洒

的花卉也往往与强烈鲜明或清新朦胧的色彩连为一体。特别是服装面料色调的形成，总是以色彩的流行主题为指导的。因此，在服装造型主题确立之际，纹样色彩必须和造型保持有机的整体，如图5-10所示。

（2）织物的纹样、织物的色彩与造型的统一 很多纹样织物首先以一定的图案织成，然后染色或印花。所以在考虑面料与造型统一的诸多因素中，色彩就更为复杂。如棉麻大提花面料，既有织纹样的形感，又有印花图案的形感，其表面的色彩各不相同。又如，丝质织锦缎印花面料，除材质形色差异外，更有侧光闪烁的色彩变幻。再如，烂花植绒印制面料所赋予的色彩因素，已经进入了三度空间，穿越服装表层的造型功能，如图5-11所示。

图5-10 纹样色彩与造型的统一

N MORE ，2020春夏

5.2.4 不同面料的应用

以上所述的是各类型面料与服装设计的关系。下面再介绍不同面料在设计服装时应考虑的几个条件。

5.2.4.1 花纹面料

花纹面料的种类很多，有抽象的或具象的，有古典的或现代的，有华丽高雅的或单纯刺激的等。在设计时应考虑如下几点。

（1）注意花纹的方向，要制造有变化的动态感。全面花纹应给予强调，例如采用统一配色法，在花纹中选择一种颜色来镶边或在领子、袖口及其他地方进行装饰，使造型更加鲜明丰富。

（2）对不连续和单独的花纹，要考虑花纹应排放的位置，对单纯朴实的小花纹布可配以素面布料加以改变。

（3）要根据花纹的特点来确定设计的风格，如华丽的花纹应选择华丽的设计风格。

（4）印花的皮革面料，应与毛织料或稍挺的素面面料配合。

图5-11 织物的纹样、织物的色彩与造型的统一
思凡（Sunfed），2016秋冬

5.2.4.2 圆点面料

圆点面料具有柔和、饱满感，充满了静和动的色彩，如图5-12所示，设计时应考虑以下几点。

（1）圆点是具有柔和动感的形体，因此适合设计柔和及轻盈的款式。

（2）可以采用同圆不同色或同色不同圆的组合方式，来制造变化和趣味感。

（3）大圆点的流动感大，因而适合设计下摆宽大且具有动感的款式。

（4）小圆点具有朴素沉静的感觉，可采用类似色或对比色的配色装饰方法来进行设计，形成静中有动，动中有静的设计风格。

5.2.4.3 格子布面料

格子布面料具有稳重感或膨胀感，体胖者应尽可能避免穿用格子面料制作的服装，如图5-13所示，在设计时应考虑以下几点。

（1）中、小格子面料，因具有稳重感强的特点，所以宜设计端庄稳重型风格的服装，如套装和硬式连衣裙。

图5-12 圆点面料

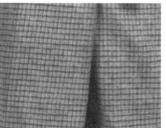

图5-13 格子布面料

（2）适合与同色的素面面料相结合，通过对比来强调格子的律动感。此外裁剪时一定要注意对格，以免产生不对称的现象。

5.2.4.4 条纹面料

条纹面料有粗、细、疏、密之别，设计时应考虑下列几点。

（1）粗而明朗的垂直条纹面料，因具有显示高度和力度的感觉，所以适合设计硬式服装。

（2）细而密的垂直条纹面料，易发生视错现象，失去高度而产生宽阔感，适合瘦型者穿用。

（3）粗而明朗的横条纹面料，有稳定与宽度感，适于瘦型者穿用。

（4）细而密的横条纹因视觉上的错觉现象，反而有高度感和韵律感，适合胖而高的人穿用。

（5）斜条纹面料有律动感及不稳定感，适宜设计下摆扩张、动感强的款式。

5.2.4.5 丝绒面料

丝绒面料是一种华丽高雅的面料，属于毛丝织品，光泽漂亮，线条流畅，如图5-14所示。多用于女性的晚装与礼服。设计时应考虑以下几个方面。

（1）尽量减少各类断刀和缝合线，使之保持一种简洁、舒畅的造型。

（2）丝绒面料有倒顺毛的区别，造型过程中一定要注意保持绒毛的方向性一致，使之朝着显色效果比较好的方向。

（3）丝绒面料贵在布面的绒毛，在造型过程中应注意不得压坏绒毛。

5.2.4.6 空花面料

空花面料的种类繁多，是夏季及

（a）思凡（Sunfed），2016秋冬

（b）卓凡娜（JOVONNA），2019早春

图5-14 丝绒面料

婚礼服的高级织品用料，如图5-15所示，因本身花纹与普通染色印花面料完全不同，所以设计时应考虑以下几个方面。

（1）空花的地方，所安排裸露形体的面积大小必须适中，大则不雅，小则庸俗。

（2）尽可能减少剪接线，保证花形的完整性，缝合的地方要安排的隐蔽。

（3）可用面料本身的重叠，如通过荷叶边、层叠、浪纹等方法来表现韵律，丰富内容。

图5-15 空花面料

🎽 5.2.5 面料的选择

挑选面料应观察面料的性格、外貌、质地和花色特点，看是否适宜所设计服装的种类、用途、目的及穿着者的需要。一般选择时，除眼看手摸之外还要考虑以下三个方面的问题。

（1）外观的感觉 如质地、色泽、薄厚、软硬、轻重、弹性等。

（2）实用性能 如面料的色牢度、吸湿性能、御寒性能、透气性能、洗涤性能、打褶、起皱等。

（3）用途 如可塑性、立体效果、光艳度、起毛效果、粗糙感、透明效果、是否富于变化等。

目前，随着科学技术的快速发展，纺织技术的提高也是日新月异。各种类型的新型面料不断涌入市场，为设计师提供了更为广阔的选择空间。对各类型新材料的认识和掌握的程度，就成为影响设计的一个重要因素，所以在选择面料时，一定要谨慎。在将上述问题思考成熟后，就会确保设计出高品质、高质量的服装作品。

5.3　服装材料再创造及研发

作为服装设计师，对服装的材料应有较全面的了解和认识，以便掌握各种材料的特性，更好地运用材料来实现自己的设计创新。在创造服装面料新的外观效果上，设计师可以充分发挥自己的才能。

每一种面料都有自己不同的"表情"，甚至是同一种面料，也会由于使用的方法不同而展现出多种风情。服装材料的再创造，是设计中一种重要的语言。在20世纪70年代后，服装审美上出现了做"旧"，最典型的就是牛仔裤。新牛仔裤必须用砂洗、水洗、石磨来做"旧"甚至做"破"，这种将服装面料的做旧加工，同样是一种设计，并且博得社会的一致认同。除了现代人们审美的演化之外，设计师将服装材料重新创造，造就了牛仔装的粗犷、豪爽、几分沧桑及几分历史感。

👕 5.3.1 设计师的再创造意识

现代消费者追求的不只是产品的基本功能，心灵价值的契合与消费过程的愉悦都可能成为购物的决策方向。所以，以满足精神需求为主的产品创意即为消费者购买的重要选择。

设计师应有再创造意识，意识应高于手段，因为只要有再创造意识就不会缺乏手段，必然会有所突破；相反，了解了很多方法但是缺乏再创造意识，恐怕很难有创新。面料本身的品质和外观在服装的效果中起着至关重要的作用，但它始终是展现服装，确切地说是展现设计师思想的原材料。设计师不能过分强调和依赖面料，设计也不能只依赖于出色的面料，设计师如果能将普通面料运用成功才更显示设计的作用。

参与服装面料的再创造，也是初学者熟悉材料并且发挥创造的重要途径。面料，这个在服装设计中成为载体的物品，关键在于设计师如何运用，若设计师头脑禁锢在已有面料的框框里，就会忽视了自己动手改造面料的能力及乐趣。所有这一切都在于创造，它带给设计师无与伦比的快乐，服装设计师应具备设计面料的能力，只有这样，才能够有更完美的设计。

👕 5.3.2 服装材料的再创造推动面料的发展

服装发展到如今，能够做衣服的面料不仅仅是原本意义上的针织、梭织以及化纤、纯棉、丝、毛、亚麻等传统面料。科技的发展带给面料更多的发展机会，牛奶、大豆、塑料等这些原来意想不到的东西已经成为制作面料的原材料，能够被人们穿在身上。如今纺织材料的发展正向高技术领域迈进，越来越注重特殊功用服装的研制开发，例如防火、防水、防污染、防辐射、抗高寒、除臭杀菌、保健治疗等。新型材料的开发也为服装设计师提供了新的创作灵感。设计师能和纺织科学家一同改良这些新型材料的色泽、外观、肌理、手感等，那将是形式和内容完美的结合。

黑格尔认为"艺术美高于自然美，因为艺术是由于心灵产生的再生的美"。这个观念不但肯定人的创造意义，还肯定了艺术价值。对服装材料的再创造，正是源于人类并不满足于自然美的心智。服装设计中最需要创造、创新、品质及行销，这三者也是全球纺织服装贸易的重要工具，创造高附加价值的产品是发达国家主要的竞争优势。

5.3.2.1 高科技推动新型服装材料发展

现代服装的演变速度，几乎能够与高科技的发展更新速度相媲美，现代服装也的确得益于高科技的飞速发展。科技改变人们的生活方式，同时也改变时装，其主要表现在面料的开发运用上。艺术和技术前所未有的紧密结合在一起，科技在使面料更美的同时又具备更好的技术特性。它在面料的审美性、舒适性、伸缩性、透气性、抗菌性、多功能以及易保养等方面带来了众多变化。现代的面料设计已经和服装设计融为一体，各种面料的处理手法及各种工艺手段也层出不穷，并创造人们更高的生活享受和更大的市场价值。

科学技术与科学理论对当今服饰面料设计的促进越来越重要。但在设计越来越依赖于技术与理论推动的同时，技术与理论也越来越需要设计这个载体，它们之间是双向互动、互惠互利的关系。新的科学技术、现代化的管理、巨额的资本投入，其最终目的是转化成可以为社会接受和消费的社会财富。只有设计方能使科学技术得以物化并实现商品化，变可能为现实。例如，天然彩棉在绿色环保逐渐深入人心之际，非常具有市场潜力，但它同时还存在产量低、成本高、色素不稳定、韧度不达标、色彩基本类型只有棕色系与绿色系等缺陷。因而设计显得格外重要，科技成果必须通过设计才能圆满地实现其功能和全部价值。

高科技作为经济发展的推动力，已经成为一个国家、机构或企业发展自身的有力手段。它不仅关系到原料、服装产品上下游的衔接配合，同类型企业的优胜劣汰，而且通常还是一个地区整体经济发展的关键。高科技的发展使得世界变得越来越小，使人们的生活丰富多彩，富于新意。特别是在服装材料上，现代化高科技的力量更是不容小视。

5.3.2.2 电子信息技术改变了现代人的生活方式和消费理念

高科技技术的应用与信息网络知识经济时代的到来，已经改变了经济竞争的格局，同时也改变了新产品竞争的格局，对服装产业也有深刻的影响。产品开发和市场使各种服装信息、科技可以快速地接收和传递出去，促进了服装市场的发展，同时也使得竞争更加激烈。在我国，信息革命的冲击与全球经济一体化带来的消费意识和方式的变化，影响着纺织品的色彩、质地、风格等流行方向，使纺织面料与服装的时尚感比其他消费品都要强。而现代服装的创意，更多的是在款型及面料的双轨道上切入。由此可见，将既往的成功经验作为服装进一步发展的经验基础已不再灵验，新世纪服装业的成功必须建立在知识经济、智能信息的充分利用及扩展的基础之上。国外公司可以在短时期内成功地向中国大量出口时装面料，其主要原因就是它们占尽信息和高科技技术相结合的优势。

现代纺织技术和面料开发、生产以及后整理技术，都是以电子信息技术为主导，以新材料和高精度自动化机械加工技术为基础，确保并提高产品的质量，提高劳动生产效率，降低产品成本的生产周期，明显增强产品竞争力。信息的效应在服装及面料企业，不论是设计、生产、技术开发，还是管理、销售等环节，电子信息平台都发挥了不容轻视的作用。它使得企业各部门、机构，各层员工及管理者可迅速地获得市场及企业内部的信息，及时做出反应，尽量迅速、有效地协调各种资源，从而提高产品竞争力，获得经济效益。

5.3.2.3 高科技技术在现代服装产品中的应用

高科技技术的发展必然带来人们生活方式及理念的改变。科技的不断更新以及各种高科技技术之间的贯通，让人们的观念比既往更加大胆，更具创新意识，各种产品之间的界限似乎正在被打破，原以为风马牛不相及的几种技术有可能被融合到一起，创造出令人惊喜的新产品。例如，电脑公司与纺织厂在人们眼里通常是没有多大联系的，但是国外公司制作数款可直接缝制在衣服或其他织品里的新型芯片产品，这预示着高科技纺织业的蓬勃兴起。这些"可穿戴"芯片需要在纺织品中添加一些特殊的材料以实现电路的连通，可适用于娱乐、通信、医疗保健和保安等行业。例如，可直接缝制到衬衣或是夹克里的MP3播放机，由芯片、可拆卸式电池、存储卡及软键盘组成，使用者插上耳机就可以欣赏音乐。类似的"可穿戴"芯片还可用来生产用于医疗的服装，对患者的生命体征进行监测。在这类服装中将使用非常微小的芯片，这些芯片可将人的体温转化为电能，可存储信息或通过内置的天线传送数据。

现代服装不仅是艺术创新的秀场，也是科技发展的舞台。更多的高新科技融入服装面料中，各种具有新奇功能的服装也从幻想走入现实生活中。如抗菌保健服装，即将银、氧化锌等具有杀菌消毒作用的微粒添加到传统的纺织面料中，可以制成具有抗菌保健功能的新型面料。这种面料能够非常有效地去除身上发出的难闻气味并杀死附着在衣服上的有害细菌。干燥空气常常使人们面临被静电"偷袭"的烦恼，将导电高分子材料复合到面料中，能够制成具有良好的抗静电、电磁屏蔽效果的面料，制作抗静电和电磁屏蔽服装。还有人在衬衫面料中加入镍钛记忆合金材料，设计出一款具有"形态记忆"功能的衬衫。当外界气温偏高时，袖子会在几秒钟内自动由手腕卷到肘部；当温度降低时，袖子将自动复原。同时，当人体出汗时，衣服也能够改变形态。其抗皱能力强，揉压后可以在30s内恢复挺括的原状。日本发明了一种含维生素的面料，该面料是将含有可以转换为维生素C的维生素源引入到纺织面料中。这种维生素源和人体皮肤接触后就会反应生成维生素C，一件维生素T恤产生的维生素C相当于2个柠檬，穿着这种T恤，人们即可通过皮肤直接摄取维生素C。

5.3.2.4 生产技术与材质工艺的创新

服装材料的发展及生产技术与工艺创新的关系也越来越紧密。从纤维、纺纱、织造、染整，再到服装材料的加工，体现了化学、物理、生物、电子等学科的高新技术向服装材料深层次、全面的渗透。这些高新技术的介入对当今面料设计的影响非常巨大，它们从根本上更新并改变了材料创新发展的传统手段，使服装面料呈现出一系列新的风貌。

现代服装材料发展的主要特征是以生产技术与工艺上的创新为平台，不断开发技术和工艺领先的服装材料，增强市场竞争力。若无技术保障，一切设计都是空谈。时装界越来越多的人开始利用织物的技术性能来拓展设计空间。例如，传统印染后整理生产的产品质量主要依靠成熟的工艺规程、严格的操作管理、操作工人的熟练技术进行保证。现代印染后整理生产主要依靠广泛应用以电子信息技术为主导的各种新工艺、新技术、新设备。煮练、漂洗、染色、印花、烘燥、定型等工艺，过程中温度、浓度等工艺参数均可通过各种传感器在线检测，经过计算机处理，自动调节蒸气压力、烘燥温度、织物速度达到设定的工艺要求，确保并提高产品质量。自动测色、自动分色、自动配色、自动调浆等计算机辅助工艺管理保证了产品质量的稳定性、一致性及重现性。

通过各种织造技术创造面料外观上的特殊感是另一种创造新材料的技术工艺，如新型起绒、割绒技术处理，不但使面料手感柔软，而且风格自然且感觉精细舒适，能够贴身穿着。与之相反，表面效应比较奇特，有立体感的织物如绣纹织物、风格条纹织物、花式线织物等则为消费者创造了一份奇异的穿着感受。

花色织物不仅要求配色协调，符合当前的流行色和流行纹样，而且技术手段也多种多样，有提花、印花、绣花、烙花、静电植绒、剪花等，生产工艺上大多采用深加工、精加工和复合工艺等手段。技术要求复杂的复合整理产品则更加流行，如提花加印花、提花加烙花等。这样的织物表面的感光效应可以产生层次感，同时也大大提高了附加值。

实现材料的创新生产技术和工艺的发展，使得服装材料的创新成为可能，并不断得以实现。例如传统色织物所表达出来的色彩局限和精细度不足，已成为丝织（尤其是彩色织锦）技术落后于其他领域的主要因素，无法适应现代生活及流行的需要。在消费需求的拉动下，新型彩色织物已经构成设计理论上的突破，使得仿真彩色丝织物问世成为现实。

由于新技术的支持，很多原先用传统的丝织技术难以制作的图案得以展示它的风采。此外，用高科技生产的涂层织物因为手感柔软，排湿透气，涂层以后赋予织物多种功能，使产品发生极大的变化，而且基布形式多种多样，如机织、针织、无纺等，使用的原料包括天然、人造以及合成纤维等不同种类，可塑性比较强，应用非常广泛，发展前景十分宽广。

5.4　服装面料材质的运用

通常意义上讲，物质美可分成三个方面：①材料美，它可以唤起感觉快感，是形式美表现的基础；②形式美，形成关系与结构美；③表现美，通过表现力将眼前对象唤起并且联想所涉及的价值而产生的美。材料美是服装设计中的重要因素，不同材料的色泽、纹理、质地带给人的心理感受是完全不同的。

5.4.1　扬长避短用面料

从性能上看，每种面料可能都不完美，都有需要改进及克服的弱点。天然面料需要防缩、防皱、加强牢度、提高印染色明艳度等；而化学面料需要进一步在透气、吸湿等方面进行改善。作为设计师，应当学会巧妙地避开面料的缺点，尽量发挥材质的优点，通过各种设计手段使面料的运用达到尽善尽美。如神舟五号宇航员杨利伟所穿的宇航服，是应用一种特殊的高强度涤纶做成的，整套衣服重约10千克，价值高达上亿元，使用了130多种新型材料，使宇航服具备了保湿、吸汗、散湿、防细菌、防辐射等功能。为了避免膨胀，宇航服上还特制了各种环、拉链、缝纫线以及衬料等。同时配吸氧装置、通话通信装置等，科技含量非常高。

无论是天然纤维的还是化学纤维的，无论是素色的还是花色的，无论是梭织的还是针织的，无论是厚实的皮革还是薄似蝉翼的轻纱，每种服装面料都有其不同的个性。设计师应当像了解自己一样地了解面料。长期以来，某种服装选择某一类面料，或某种面料适宜制作哪一类服装，在设计时已形成了一种约定俗成的共识。薄型毛料、晚礼服宜用丝织锦缎，厚呢料适宜做大衣，亚麻布适宜做夏装等。但近年来，一些打破常规的设计同样给人以别致新奇之感，如以砂洗绸制成的西装显得休闲而浪漫。只有充分地了解并掌握面料的特点，设计时方可游刃有余。每种面料都有自身的特点，但设计的方法、表现的手法及能够表达的风格绝不止一种。

5.4.2　不同材质面料在服装设计中的运用

柔软面料通常比较轻薄、悬垂感好，造型线条光滑流畅而贴体，服装轮廓自然舒展，能够柔顺地显现衣着者的体形，如图5-16所示。这类面料有织纹结构疏散的针织面料和丝绸面料。针织面料质地柔软，垂感良好，弹性好，针织物的延伸率可达20%，所以针织面料的服装可省略省道。轮廓和结构线条简洁，常取长方形造型，使衣、裙、裤自然贴身下垂。因为织物本身所具有的弹性，加上简练的造型仍然能体现人体优美的曲线。丝绸面料中的双结、软缎、丝绒及经砂洗处理的电力纺轻盈飘逸，柔和的服装线条可随人体的运动而自如显现。

图5-16　柔软面料造型

卓凡娜（JOVONNA），2019早春

挺括面料造型线条清晰而有体量感，可以形成丰满的服装轮廓，穿着时不紧贴身体，给人以庄重稳定的印象，如图5-17所示。这类面料有棉布、涤、灯芯绒、亚麻布以及各种中厚型的毛料和化纤织物。丝绸中的锦缎与塔夫绸也有一定的硬挺度。使用挺爽型面料可设计出轮廓线鲜明的合体服装，以突出服装造型的精确性，如正装、礼服等。

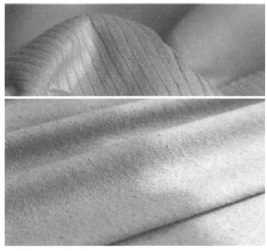

图5-17　挺括面料造型

卓凡娜（JOVONNA），2019早春

光泽面料表面光滑并能够反射出亮光，常用来制作夜礼服或舞台服，以取得华丽夺目的强烈效果，图5-18所示，这些面料大多为缎纹结构的织物，有软缎、绉缎及横贡缎等。缎面的光泽因面料和织物经纬密度的不同而有所区别。黏胶长丝和其他化纤软缎的光泽反射最强，但光感冷漠，不够柔和。真丝绸缎光泽柔亮细腻，质地华丽高雅，可用于高档礼服。

厚重面料质地厚实挺括，有一定的体积感与毛茸感，如粗花呢、大衣呢等，这类面料浑厚稳定，不宜叠缝层次过多。多用于制作春秋季节穿用的大衣、外套等防风防寒类衣物，如图5-19所示。

轻薄类面料质地薄而通透，具有绮丽、优雅、朦胧、性感的特征。近年来时尚界流行透、薄、露，这类面料也由以往的礼服用料变成常服用料，如图5-20所示。

"有了好的面料，设计就成功了一半！"不少设计师如此感叹。新颖特别的面料可以激发设计师的创作激情和灵感，使设计作品脱颖而出。通常而言，设计师最关心的是服装面料的外观、悬垂性和手感等，选用不同的面料可产生不同的款式及风格。同时，纺织面料经、纬向的不同运用也可以在服装上产生不同效果。针织的针法和针织提花的变幻，令现代工业化针织服装有了全新的变化。学习服装面料的特性与加工工艺，将非常有助于设计。

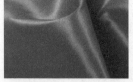 

（a）色织　　　　　（b）真丝缎

（c）胥志轩作品

图5-18　光泽面料造型

（a）N.MORE 2017秋冬　　　（b）N.MORE 2019秋冬

图5-19　厚重面料造型

图5-20　轻薄类面料造型（齐鑫作品）

6

专题服装设计

6.1 职业服装设计

🦺 6.1.1 职业服装的概念

职业服装指的是那些能直接表明人的身份、职业及工作特点的形态统一的服装。

相对于一般生活服装，职业服装可直接表明人的身份、工作特点。因为一般服装也能或多或少地显示出一个人的身份、地位和工作特点，但它是间接表现，而职业服装则是直接表明。职业服装在形式上相对规范统一，如色彩、款式、面料和装饰附件等，都有一致的风格、内容，而这些是生活服装所没有的。

职业服装的整装形式通常代表某个团体、某个行业或某个机构，是这些团体的主要外部形象之一。特别是职业制服，有着明显的标识和名誉作用。与生活服装不同，职业服装不是表现个人，而是表现一个机构、团体，甚至是体现一个国家的形象，如图6-1、图6-2所示。

🦺 6.1.2 职业服装的分类

根据职业服装的实用功能及特性，职业服装可分为三大类。

（1）突出企业形象、体现职业特点的工作服类，如高级酒店中员工的工作服，医疗卫生行业员工的工作服等。

（2）按照规范样式标准，整体划一的具有强化行业责任感的职业制服，如工商、税务、军队等行业人员的着装。

（3）在工作中起到安全保护作用的劳动保护服，如炼钢工人、建筑工人、潜水员等在工作时所穿用的着装。

🦺 6.1.3 职业服装的特点

职业服装是企业、团体的"名片"，人

图6-1 高铁制服设计——上海铁路高铁女乘务员制服

图6-2 航空制服——海南航空第五代制服

们可依据企业、团体员工的制服所塑造的整体形象，判断出该企业的性质、经济实力、经营理念、文化品位及企业、团体精神等各方面的物质与文化内涵，从而使得企业、团体的品牌形象在人们心中树立威望和信赖感。

　　企业、团体充分利用制服的文化特点，突出职业形象识别，显示职业精神内涵和职业魅力，同时树立员工的敬业精神，增加凝聚力。在我国市场经济纵深发展超越初期以生产为导向，和中期以产品进入市场为导向的时代，市场经济的核心已转移到品牌（形象）导向上。越来越多的企业、团体为树立自己的品牌形象，已导入形象识别系统（CI），而职业服装设计就属于企业、团体的形象识别系统中的一个方面。在体现团队精神、形象传播及职业特色等方面最为直观。

　　因此，职业服装在企业、团队整体形象策划中的作用，也受到企业家及设计人士的关注。产品质量的趋同化、品牌形象的识别化、形象识别系统的建立，均需一流水准的职业服装设计师。目前国内时装设计师处于起步和发展阶段，职业服装的设计人员较为匮乏，职业服装虽归属于形象识别系统，但形象识别系统策划者却不一定能设计职业服装，所以，职业服装设计师应是具有专业设计技能的人才。

　　职业服装，即与人们的职业特点密切相关的服装，它不同于生活、休闲用的服装，是从事各种劳动的工作用服装。职业服装涵盖范围很广，社会中某些企业、团体以服装作为整体性标识或保护某些特殊职业的人的人身安全用装等，都是职业服装。它必须满足于企业、团体的整体形象的统一，符合企业、团体的形象识别系统，同时方便劳动组织、生产管理、满足劳动过程的功效要求。

　　职业服装既能表现职业特征，又可用于工作、生产的服装。与职业服装具有相同含义的其他名称有工作服、作业服、制服、工装、劳动服等。另有直接根据职业装的用途命名的，如酒店制服、保安服、校服、护士服、学生服等，如图6-3空姐制服所示。

　　职业服装是随经济条件的改善、科学技术的进步、安全保护意识的增强以及审美标识用途的确立而逐渐发展起来的。在很长一段时间里，职业服装由于受到特定条件、观念意识等因素的影响，大多简陋粗糙，并且没能作为一项严格的着装制度和行为规范来执行操作。随着现代社会的发展，由于各种条件得到相应的提高，职业服装上的防护性能和实用机能被充分重视，行业的发展开始需要设计周到、制作讲究的服装来凸显企业的形象。可以说，职业

图6-3　英国空姐制服——英国航空公司首套航空制服（1974年）

特性与职业需要，是职业服装的特殊属性，因此，职业服装越来越具有专业化、制度化的倾向，从选料、用料、裁剪、制作直到附件配件、外观式样，均是建立在对服装继承、变化推新和精心设计的基础上完成。我国目前的职业服装在设计、制作和使用上还处在发展阶段，尚无法真正满足对迅速增加的各行业、各工种的用装以及季节性或定期性（如两年一次）的换装需求，也缺少全面提供严格、规范、系统、高质量的操作管理与穿着用品，对专用服装具有的概念性质所应体现的式样特征及穿用范围也把握得不够准确。所以，特别需要学习、借鉴欧美等发达国家的职业服装特点，不断积累经验，提升自身水平。

6.1.3.1 职业服装的性质

概括起来，职业服装一般具有以下几点特性。

（1）职业性 职业，既是人推动社会发展的劳动分工，又是人赖以生存的谋生方式，其本身具有的劳动性质，需要在严格规范的前提下获取一定的功效。职业服装通常以突出专业形象以及爱岗敬业、积极进取的精神风貌，重点凸显企业凝聚力的优秀品质，并将衣着的式样与从事的职业有机结合起来，以便充分显示其独具魅力的工作特点，如图6-4所示。

（2）标识性 职业服装的标识性，指职业服装极易反映相关职业的某种特性，即通过穿着的行为所表达的职业特征。很显然，衣着的标识意义在于可以区分不同的职业及职别，显示各种职业在社会中拥有的形象、地位及作用，并在引导激发员工对本职工作的责任心和自豪感的同时，获得来自社会的了解和评价，其广告宣传的标识用途是不言而喻的，如图6-5所示。

（3）标准性 具有团体性质的公司、企业、商业及医疗等行业，因为涉及广泛和复杂多样

图6-4 职业服装的职业性

（a）女服务员

（b）女经理

图6-5 职业服装的标识性

的工作内容，所以是需要庞大的组织规模以及奏效齐全的内部分工来操作运转的。因此，所属职员的服装穿着应遵循标准统一的程式，注意着装在色彩、款式、面料和配饰等方面的整齐协调，寻求表现正规严谨、视觉醒目的风格特征，方便行业部门的区别管理，也利于职业服装的批量生产。

（4）实用性　穿着的实用性是职业服装中最基本的特征之一。因为具体工作的穿用关系，需要服装具有舒适合

图6-6 职业服装的审美性

体、穿脱便捷、易于活动和适于工作等特点。职业服装的穿着目的是为达到各种职业特定的环境条件及工作情形所需的着装要求，服装应通过舒适合理的衣着作用和防护性能，将员工的生理、心理调整到良好的状态，来进一步提高生产效率和工作业绩。

（5）审美性　职业服装除去围绕专属的工作性质设定穿着形式外，美观成分的添加也是不容忽视的。"工作者是美丽的"不但体现在工作劳动本身，同时也反映在存有美感特征的着装表现上。经过设计美化的工作用装，常常会激发人们对从事职业的热情，增加视觉感官的愉悦，减少劳动操作的紧张乏味，缓解服务接待的疲惫压抑，起到点缀空间及美化环境的作用，甚至可以对日常的生活用装构成影响，如图6-6所示。

6.1.3.2 职业服装的功能需要

（1）生理的需要　对职业服装的生理需要表现在服装的卫生性能上，例如透气、吸湿、保暖防寒等。职业服装的设计首先应从穿着者的健康考虑，根据工作区域的气候、工作环境及性质等因素进行选料、设计、制作。例如对于炎热潮湿地区，在设计衬衫、T恤等贴身工装时，要尽可能选择含棉、麻量高的面料，否则极易造成穿着者的不适，甚至诱发皮肤病。

在设计高温条件下、工作强度大的防护服，如冶炼、翻砂等工作服时，除了选择透气、隔热性能好的面料外，在上衣腋下通常采用网状材料或留散热孔，以增加透气散热性。

（2）安全的需要　服装的安全性表现在服装的牢固度、耐腐、抗侵害度及方便活动等方面，强调"安全生产"工装作为劳动者在生产环境下的着装，对此承担重要作用。

建筑行业需要选择厚实耐磨的工装，因为该行业工作人员要时常与粗糙、坚硬的材料打交道，若工装不牢固，会对人身安全构成潜在的威胁。

从事化工、化学及药物试验的生产一线的工作人员的服装，除在款式造型上采用密闭式设计外，其材料采用耐腐蚀、防辐射、抗菌性面料非常重要，防止有害物质对人身的伤害。

（3）精神的需要　好的职业服装设计，一方面反映企业团体的精神理念，表现出员工的精神面貌和职业魅力，树立员工的敬业精神，增强企业和团队的凝聚力；另一方面，职业服装

反映一个企业、团体的性质及经济实力，体现经营和服务理念，使消费者和顾客产生信赖感。

👕 6.1.4 职业服装的设计要素

6.1.4.1 职业服装的设计过程

（1）调研考察　宏观调研了解企业性质、管理制度、形象识别系统、相同行业制服的国内外现状及特点，实地考察了解工作性质、工作环境、工作对象，了解可能的伤害及伤害源。

（2）确定方案　如设计图稿、缝制工艺、价格草拟、成本核算等。

（3）试制样衣。

（4）成衣生产　根据工艺流程保证工艺样衣标准。

6.1.4.2 职业服装设计方法

由于上述三种类别的职业服装在实用功能及特性上各有特点，因此，在进行服装设计时，要科学合理地掌握好三种不同类别职业服装的设计特征，并在艺术表现方法上有所侧重。具体设计原则如下。

（1）分清类别、熟悉设计条件　在设计之前，确定职业服装的类别是进行设计工作的前提。也就是说，首先应对所设计的服装有一个总体的认识和把握，并划清类别。然后对穿着的对象、服务的行业、服务的方式、服务的环境、季节、时间等进行深入的了解，并以此为条件，来确定所设计职业服装的整体风格。

（2）确定设计主题，规划设计风格　在了解了所设计服装的工作环境、工作内容、工作特点以及其他相关条件后，应确定其设计的主题及设计的风格。重点在下列几个方面。①服装的造型特点，包括现代风格、民族风格、传统风格、时尚风格等。②服装的色调界定，包括冷色调、暖色调、暗色调以及华丽色调等。③服装的材料选配，包括天然纤维面料、人造纤维面料、合成纤维面料以及混纺纤维面料等。④服装的装饰方法，包括局部装饰和整体装饰。

6.1.4.3 运用设计法则，完成设计内容

当确定服装设计的主题和风格后，即可以用设计法则针对所要设计的内容展开设计工作。但必须注意的是，职业服装，尤其是劳动保护服与一般普通服装相比更加注重服装的实用功能。所以在具体的设计过程中，必须充分考虑服装造型的合理性和舒适性，降低服装对人体的束缚力，尽可能满足人体生理上的需要，提高劳动效率，并加强对人体的保护作用，最终完成设计任务。

（1）标识设计法　通过在服装款式、结构、色彩、面料、着装方式、装饰物配备上的设计，按照各行业的特殊限制及需求形成具有划一、特定性的服饰语言，成为集团的象征物与标识物。并且，在集团内部，职业的细分化，对应于各种工作的特性产生各种职业服装，除具备相应机能外，同时也作为不同职务和分工的象征，发挥标识的作用。

（2）功能设计法　功能设计法重点研究人—服装—环境的关系，具有操作性、安全

性、信赖性及保守性的特点，使人在一定的环境中有最佳的穿着效果和作用。

6.1.5　职业服装款式造型的重点设计

职业服装款式造型的重点设计包括：领型设计、门襟设计、袖型设计、口袋设计等。

（1）领型设计　包括立领、立翻领、翻领、驳领、无领。如采矿、建筑业，劳动强度大，易受有害物质影响和粉尘的侵入，领子一般采用立翻领。

（2）门襟设计　明门襟、暗门襟、纽扣、拉链，其装饰作用的门襟形式包括叠门襟、斜门襟等，还有侧门襟、后门襟等。在设计上常采用镶拼、包边、刺绣等工艺。

（3）袖型设计　袖口分为松紧式、可调扣袢式，主要作用是抗菌、防污，在袖臂上可根据需要加口袋或具有标识作用的臂章等。

（4）口袋设计　包括平贴袋、斜插袋、立体袋、内贴袋等。

企业的标志、文字、胸牌可在上衣胸部体现。

6.1.6　职业服装与配件

职业服装与配件可根据识别性、防护性及装饰性分类。

（1）识别性　如帽饰、肩章、徽章、绶带、领事、厨师帽、护士帽、警察大盖帽等。

（2）防护性　如安全帽、手套、靴、腰带、荧光条纹等，还可采用鲜明的色彩起到安全防护作用。

（3）装饰性　如领花、领结、领带、领巾、腰带、腰节、腰封等。

6.1.7　职业服装色彩设计

色彩是职业服装设计的重要内容之一，其标识性归属于企业、团体的形象识别系统设计，其功能性归属于企业、团体的工作性质及内部管理体系，色彩的作用主要表现在心理、生理以及象征性等方面。

职业服装归属于企业、团体形象识别系统中的视觉识别（VI）应用要素之一，所以，应首先将企业、团体的标准色（标志色和辅助色）应用到职业服装中。职业服装的色彩设计一般是将标志色作为主色，搭配辅助色使用，但色彩设计应与职业装的款式造型有机结合。

有些企业、团体的标志色很难应用于整体服装上，则可以采用标志色作为辅助色或点缀色用于服装上，也可选择企业团体的标志色的相邻色作为服装主色。

服务行业的服装，如酒店制服，在色彩设计上，应考虑与室内环境色彩的协调性，其标志色往往在服饰配件或装饰上体现，如领结、领带、领花、胸饰或在服装上采用镶、拼、包、绳边等工艺形式，将标志色用于其中。总之，职业服装色彩应根据企业、团体的整体形象识别系统，体现其工作性质、经营理念、团队精神以及象征意义。

职业服装色彩在实际工作中的功能性，主要体现于对员工的心理、生理的影响，对企业、集团内部组织管理、安全生产等方面的作用。如航空乘务员的服装色彩往往采用天蓝色，象征着职业特点；竞技比赛服装的色彩，采用明快的对比色，可帮助运动员进入最佳的兴奋状态；工作服的色彩与室内环境、机械设备的色彩适当的区别，既安全又可以振奋精神，对提高工作质量和保护工作者的心理健康起重要作用。再例如：医疗行业，手术大夫的服装一般采用绿色，与红色形成补色关系，目的是能及时调整视觉神经对色的适应性，以免视觉疲劳，而护士的服装色彩则采用宁静、安详、干净的浅粉色、淡蓝色、乳白色等，有助于稳定情绪，起到辅助治疗的作用。

总之，职业服装色彩设计是职业服装设计的重要部分，设计前同样需要实地考察，包括室内外环境、室内光线、照明、办公家具及用品、生产设备等的色彩条件，都能作为职业服装色彩设计的重要参照。

6.1.8 职业服装设计原则

6.1.8.1 针对性

针对同一行业，不同的企业、团体，同一企业、团体的不同岗位，同一岗位的不同身份、性别等，具有针对性的职业着装，其目的表现为社会意义上的标识作用和功能意义上的防护作用。

职业服装设计一定要对企业、集团的性质、生产组织、服务特征、工作状态等实地考察掌握第一手资料，提出具有针对性的解决方案。

职业服装设计针对服装面料、制作工艺、衣着方式，如服饰搭配、服装洗涤、保养等生产、使用因素，通过设计得到解决。

6.1.8.2 经济性

影响职业装价格的因素是服装的面料和加工成本，应用面料的档次、性能决定了其价格。加工成本包括款式造型、工艺制作难度以及成衣过程中各种损耗。

作为企业、团体需求方，追求物美价廉是基本要求。作为供给方，处在面料采购渠道上、付款方式上争取价格优势外，重要的是在款式造型设计时，考虑影响生产成本的综合因素，追求合理的性能价格比。实用及耐用是在设计时必须充分考虑的因素，如适应春夏季节的夹克工装，可以在袖窿处装隐形拉链，一衣多穿，一衣多用，在于找出设计上的变化，并加以变通。

6.1.8.3 审美性

服装的艺术性是审美的共性，职业装本身遵守形式美法则，运用点、线、面、色彩、材质、缝制工艺等要素，相互产生统一与变化、对称与均衡、平衡与节奏等风格上的美感。在满足单个服装审美性外，群体着装和特定环境的协调美可提高企业、团体的文化品质。

6.2　高级时装设计

6.2.1 高级时装的概念

　　高级时装指的是那些具有较高的审美及导向性的服装，它不仅反映着某一时期社会经济、科技、文化、艺术的最高水准，而且还预示着流行的主体方向。其特征既具有超前性与时尚性，又常以单件套或单组的系列服装形式出现，是服装设计中难度较大的一类。

6.2.2 高级时装的分类

　　高级时装通常包括艺术性时装、导向性时装、个性化时装三类。

6.2.2.1 艺术性时装

　　艺术性时装是指时装设计师创作的那些带有一定主题和文化气息的时装作品，主要用来表现作者的艺术追求与艺术主张，如图6-7所示。常见于一些服装设计大师的个人秀或时装设计大赛的参赛作品。这类大赛主要是为开阔设计师的设计思路，挖掘和培养新的设计人才。而那些服装设计大师的个人秀，则往往带有个人目的性。但是，它又对促进国际间各民族文化艺术的交流和服装文化的发展起到关键性的推动作用。

6.2.2.2 导向性时装

　　导向性时装通常是指高级手工时装发布会的时装作品，它是以展示性与传播性为主的时装设计。代表着某一阶段内，服装文化的潮流及服装造型的整体倾向，具有引导国际服装市场和改变人

图6-7　川久保玲（Comme des Garcons），2020春夏

们穿着方式的作用，如图6-8所示。此类时装设计，一方面是建立在社会经济、审美观念及消费意识的基础上；另一方面是建立在流行色彩、流行织物及流行款式的基础上，并且遵循着服装的预测和流行的规律来完成的。

6.2.2.3 个性化时装

个性化时装一般指的是那些具有独立性格、标新立异的单体时装。这类时装往往是针对某个人而进行的独立设计，并不注重普及性，如图6-9所示。所以，这种个性化的时装在设计时应充分考虑着装者的身份、地位、性格、情趣、审美标准等，以及与他人之间的不同之处。在服装的造型和各种要素的处理上，按其实际需求进行创作，力求设计出的时装作品具有独特的艺术魅力和超凡脱俗的品格。

图6-8 古驰（Gucci），2018春夏时装秀

👕 6.2.3 高级时装的设计要素

上述三类时装虽然都属于创意性的服装，但是因为所针对的对象、环境、目的、用途及条件等不同，在设计的造型要素方面，如款式的造型特征、色彩的配制、材料的选择、服饰的装点、总体风格的确定以及设计的寓意性等方面也有较大的差异。所以，设计高级时装要注意划清其不同的属性、类别，并按照它们各自的设计条件、特点来企划设计的风格、思路，以便更好地利用设计的原则、方法来体现高级时装设计所遵循的新、奇、美的风格定位。

图6-9 让·保罗·高提耶（Jean-Paul Gaultier）设计的锥形胸衣

6.3　礼服设计

　　礼服（也称为社交服）原是指参加婚礼、葬礼及祭祀等仪式时穿用的服装，现泛指参加某些特殊活动和进出某些正规场所时所穿用的服装。从服装的穿着方式而言，礼服可分为正式礼服和半正式礼服。从礼服的穿着时间而言，礼服又可分为昼礼服与夜礼服。礼服造型风格多姿多彩，在人们的印象中，礼服几乎是服装美的极致。礼服的造型具有极强的艺术情趣，色彩以明快而绚丽的色调为主，面料常选用高档的丝织物和新型材料，工艺制作和装饰手段均极为精致考究，这些也正是礼服造型美的特征。

6.3.1　传统礼服分类

　　（1）婚礼服　根据婚礼场合和时间，女装造型各异，有的带拖地部分，有的衣长及至脚踝，也有的较短。白天举行婚礼时，多是高领，或领口不开得过大，长袖。晚上举行婚礼，则袒胸露背，与夜礼服相似。一般都是白色，以象征纯洁。男装白天配以黑色晨礼服，晚上配以夜小礼服或无尾夜常礼服。

　　（2）丧服　女装造型朴素，庄重，有连衣裙，也有上下分开的套装，不暴露肌肤，夏天也穿长袖，服色通常以黑色为主，首饰、鞋、帽等也都常用黑色。男装配以黑色晨礼服或黑色西服套装。

　　（3）午后礼服（半礼服、便宴服）　这是白天参加结婚、毕业等庆祝性活动时穿用的礼仪性服装。男装配以晨礼服。

　　（4）夜礼服（晚礼服）　参加正式晚餐宴会时穿的长连衣裙式的礼服，大多袒胸露背，非正式时，裙长可长可短。男装配以夜小礼服或燕尾服。

　　（5）晚餐服（夜便礼服）　略式晚餐会穿用的便礼服，豪华度较弱，但很高雅。男装配以夜小礼服。

　　（6）鸡尾酒会服　用于鸡尾酒宴会上，通常介于午后礼服和夜礼服之间（时间正好是从傍晚到夜里），比较时髦，有个性。男装配以双排扣或单排扣西服套装。

　　（7）宴会服　在欧美国家，根据宴会的时间穿戴不同。午后举办的便宴，应穿午后礼服；鸡尾酒会应穿鸡尾酒会服；朋友们相聚的略式晚餐会，应穿夜便礼服；正式的晚会，应穿夜礼服。男装则要以女装的穿着来决定相应的打扮。

6.3.2 现代礼服分类

（1）晚礼服　晚礼服是上层社会人士在晚间出席宴会、酒会以及礼节性社交场合时穿着的服装。欧美国家有重视晚间活动的传统，晚间举行宴会、舞会、戏剧及音乐会等要求穿着最正规、最庄重的礼服。在现代晚礼服的设计上，强调个性、讲究造型、追求新奇成为设计的重要特征。造型结构上更多地运用对比手法，或以款式的结构形成对比，或以色彩的配置形成对比，或以面料的搭配形成对比。这种对比使得构成要素之间的个性特征更加显著，从而在着装效果上产生一种强烈而醒目的感觉，以满足人们对晚礼服特有的审美需求，如图6-10所示。

随着当代服装休闲化的流行趋势，晚礼服也在逐渐简化及随意化。在这一点上，美国人比欧洲人走在前面。女性可用裤装作晚礼服，男性也可不打领结、领带。只要人们衣冠整洁、彬彬有礼，则晚礼服所代表的社交精神就没有实质性改变。

（2）半正式礼服　当代社会文化的发展，使得人们逐渐重视夜生活的方式，在一些大都市，人们的夜生活越来越丰富。随着夜生活的多样化及品位的提高，晚礼服自然进入人们日常的夜生活中。现代晚礼服和传统的晚礼服相比，在造型上更加舒适实用及美观。如一些中长型和短款的裙装，宽松的长裤套装及裙裤套装等也进入了晚礼服的行列，这种礼服被称为半正式礼服。半正式礼服的设计较晚礼服而言相对比较随意，设计的方式也更多，如图6-11所示。

（3）婚礼服　婚礼服是新郎、新娘在婚礼上穿用的服装，起源于西欧。尤其是在西方一些政教合一的国家中，人们的婚礼都在教堂中举行，新娘要穿白色的礼服，头戴白色的面纱，以示真诚和圣洁，这种装扮也就自然成为婚礼服典型的服饰特征。婚礼服的设计通常以X型和A型为主体造型，其款式结构多以复叠式（裙子外部的形重叠盖住内部的形，构成一种有序的层次感，使之显得雍容华贵）与透叠式（以透明或半透明的面料层层叠压而透叠出一种新的形态，使其产生朦胧虚幻之感，增加其神秘的情调）

图6-10　乔治·阿玛尼（Giorgio Armani）吸烟装

图6-11　登喜路（Dunhill），2020春夏男装

为主。色彩以白色及各种淡雅的色彩（包括浅红、浅粉、浅紫、浅蓝、浅黄色等）为主。但是，无论服装色彩怎样变化，头上的面纱总是以白色为主。面料大多采用丝绸、乔其纱、棱纹绸及各种再生纤维织物等。面纱通常选用绢网、绢纱、薄纱等面料，如图6-12所示。

我国传统的婚礼服主要是以旗袍和中式服装为主，面料通常用绸缎，色彩多为红色，象征着喜庆、吉祥，寓意着婚姻生活的幸福和美满。但是，近些年来，因为东西方文化的相互交流，欧式婚礼服在我国大都市也逐渐被年轻人所接受。

（4）创意礼服　创意礼服指的是在礼服基本形制的基础上加入各种创意设计元素的一种礼服设计形式。创意礼服在设计方法和手段上无限制，给予设计师自由发挥的空间比较大。在每季的流行趋势发布会上很多服装设计大师也十分醉心于创意礼服的设计，如图6-13所示。

（5）中式礼服　所谓的中式礼服就是在中国传统服装即旗袍基本形制的基础上加入富有中国传统特色的设计元素所进行的服装设计形式。例如戴镶金缀宝的凤冠、披织绣灿烂的霞帔、穿精工细作的红裙的习俗在汉族妇女中一直沿用到清末民初。这种浓重的富贵味和火红的基调与婚礼中锣鼓喧闹的热烈气氛十分吻合，反映了中华民族婚礼那种热烈的期盼，如图6-14所示。

图6-12　卡罗琳娜·埃莱拉（Carolina Herrera），2014春夏婚纱　　图6-13　莫斯奇诺（Moschino），2019秋冬　　图6-14　郭培·囍（Guo Pei·囍）高定嫁衣

6.3.3 礼服的设计手段

礼服作为社交用服，具有豪华精美、富丽堂皇、优雅浪漫、标新立异的特点并带有较强的炫耀性。设计礼服必须具有高超的艺术水平，运用不同的纺织材料塑造出华丽不凡的形象。所以，礼服设计成为衡量设计师艺术才华的一个标准。这也就更促进礼服的翻新变化，时而复古，时而新潮，时而追求豪华，时而流行娱乐型的风格。现代礼服已不再局限于古典的连衣裙样式，套装和裤类也同样可设计成高雅的礼服，且别具清新脱俗的风格。

6.3.3.1 礼服的主要风格

礼服风格是礼服设计的重要方面，一般表现为西方情调的古典风格、东方情调的古典风格、民族情调的设计风格、现代浪漫主义风格等。

6.3.3.2 礼服的造型

西方情调的古典风格礼服的造型设计通常以S型廓型为主，其款式构成多以复叠式结构与透叠式结构为主。常常运用夸张的手法达到渲染的氛围，如夸张其裙子的膨胀感和裙摆的围度，裙裾长度可夸张至十几米，配以考究的女帽、精巧的鞋、精细的装饰，在高雅的气质中透露一股淡淡的怀旧情绪，也隐现着古典的巴洛克与洛可可风格的影子。

图6-15　华伦天奴（Valentino），2019春夏

东方情调古典风格的造型是流畅的X型，主要以旗袍式连衣裙为主，具有端庄高雅的气度透着浓浓的淑女味及水静则深的魅力。现代晚礼服在造型结构上和主体线条上多运用对比的手法，常运用浓郁的色彩、夸张的廓型、多变的曲线其上下装的比例变化大，节奏感强，有较多的装饰。如上身较短、裙子较长或裙子短、上衣长呈A或Y型服装廓型特征。夸张的对比因素形成了华丽、优雅、浪漫的观感，表现出色彩绚丽、线条多变、富丽堂皇的气氛，如图6-15所示。

6.3.3.3 礼服的装饰

礼服设计离不开各种装饰手法的运用，不论是在礼服的整体或局部上，精心别致的装饰点缀是至关重要的。适度的装饰不但使礼服显得雅致秀美、花团锦簇，而且还能提高身价。很多高贵的礼服常镶嵌价值昂贵的珠宝、钻石及金银线等，以展露华丽绝伦的气派。礼服常用的装饰手法包括：刺绣（丝线绣、盘金绣、贴布绣、雕空绣等）、抽纱、镂空以及以本色面料制作立体花卉、褶皱（褶裥、皱褶）、钉珠（钉或熨假钻石、人造珍珠、亮片）、珍珠镶边、人造绢花等。

6.3.3.4 礼服的面料

礼服面料的选取应考虑款式的需要，面料材质、性能、光泽、色彩、图案以及门幅等，都应切合款式的特点及要求。如现代晚礼服的面料往往选光泽柔滑、飘逸而悬垂的丝织物或毛织物。婚礼服的面料多采用绸缎、绢网、绢纱、薄纱等。因为礼服注重展示豪华富丽的气质和婀娜多姿的体态，所以大多用光泽型的面料，柔和的光泽或金属般闪亮的光泽有助于显示礼服的华贵感，也使穿着者的形体更为动人。

6.3.3.5 缝制工艺

一件完美的礼服体现了款式、面料及工艺的协调结合与艺术构成。巧妙的设计构思需通过精湛的工艺去完成，所以工艺是礼服设计的一个重要组成部分。工艺包括构成和缝制两个方面。因为礼服的款式、风格新奇多变，有时平面剪裁难以准确生动地表达构思，所以常采用立体剪裁方法，以获得满意的效果。

6.4 休闲装设计

6.4.1 时尚休闲装

这是一类在追求舒适自然的前提下，紧跟时尚潮流的，甚至比较前卫的休闲服。这类服装属于流行服装类，是年青的时髦一族张扬个性、追求现代感的主要着装，拥有广大的消费群，常用于逛街、购物、走亲访友、娱乐休闲等场合的装扮，如图6-16所示。

牛仔风格、田园情趣是现代年轻人在休闲装中更多地注入了时尚的元素。纯正的流行色、横竖的条纹、夸张可爱的卡通图案、针织套头衫，还有合体的长裤、时髦的短裤、有休闲意味的斜肩挎包等这些均是充满朝气的青春风格。时尚风格的服饰以活泼、轻快以及具有现代感的明朗色调，体现了蓬勃的青春气息和独特而时尚的个人情趣，如图6-17、图6-18所示。

图6-16 Off-White时尚休闲装　图6-17 牛仔风格　　　　图6-18 田园情趣

维特萌（Vetements），2019春夏　　猿人头（Bape），2019春夏

👕 6.4.2 运动休闲装

　　运动意识是现代人都市休闲风潮中的一种现代意识。在现代生活中，体育锻炼、外出旅游已经成为人们放松自己、融入自然、享受自然的愉快休闲形式。为了适应这类生活方式，将运动与休闲完全相融的休闲装才应运而生。

　　运动休闲装具有运动装及休闲装的功能，常用于一般的户外活动，如外出旅游、网球、高尔夫球运动等，表现健康、闲情逸致、紧张后的有意放松的情调以及朝气蓬勃、乐观向上的形象特征。这类服装主要由全棉T恤、连帽套衫、网球裙式的短裙、运动休闲裤、POLO帽、运动式的夹克、运动套装及运动鞋等体现，局部细节包括拉链、缉明线、嵌边、配色以及夸张的口袋，有多层式、封闭式及防护型等多种款式。色彩大胆鲜明、配色强烈，面料主要选用防水、透气、保温、轻薄的面料。还常配上与色调和款式风格相统一的服饰配件，如背包、手套、帽、眼镜等，如图6-19所示。

👕 6.4.3 职业休闲装

　　职业休闲装带有职业装的稳重、优雅、简洁，又有休闲装的轻松随意和个性。此类服装常用于白领阶层、企业领导人、艺术家等人群的装扮。他们一般要借助服装来表现个人独特的形象和品位，因而青睐那种看似不经意却耐人寻味的装扮。此类服装款式简洁，线条自然流畅，如随意的外套、针织和编织的套装、休闲西裤、传统的牛仔裤、休闲皮鞋、简洁素雅的短裙、套装等。色彩多为中间色、粉色及自然色系列。面料以天然为主，图案含蓄、雅致、大气，如图6-20所示。

图6-19 运动休闲装
拉科斯特（LACOSTE），2018春夏

图6-20 职业休闲装
爱马仕（Hermès），2011秋冬

6.5　内衣设计

6.5.1　内衣的概念

所谓内衣指的是穿在服装最里层直接接触人体皮肤，具有卫生保健作用的衣物。

6.5.2　内衣的分类

内衣作为服装设计的一个重要组成部分，根据不同的功用特点及表现形式可分为三种类型，即贴身内衣、辅正内衣和装饰内衣。

6.5.2.1 贴身内衣

穿着在服装最里层的衣物，有内衣与内裤两种。内衣包括背心、胸衣、汗衫等；内裤包括三角裤、衬裤等。贴身内衣多采用纯棉弹性织物，既可以保持或调节体温，又可以阻隔身体分泌物与外衣的接触，同时又具有穿着舒适、易于肢体活动的特点。色彩多以白色或淡雅的颜色为主，款式的设计上更加注重衣物的适体性与简约性，力求给人一种柔和的美感。

6.5.2.2 辅正内衣

主要指的是那些具有强化人体曲线，能弥补人体的某些不足，调整人体美感的功能性内衣。主要有胸罩、束衣等。

（1）胸罩　胸罩是遮盖胸部，体现乳房健美的一种女性专用品，其主要功能是保持乳房的稳定，矫正乳房大小以及高低的形态。同时，抑制肋下或上腹部多余的脂肪，从四周将属于胸部的脂肪很自然地回归至其本来的位置，以求得理想的胸部曲线。胸罩在造型上可分为下列几种类型。

①舒适型胸罩　在设计上无钢圈固定，是以弹力棉性质的材料塑型而成。穿着时会产生一种无拘束的舒适感，是现代女性所喜欢的胸罩之一，如图6-21所示。

②钢圈型胸罩　此类胸罩具有托举乳房的作用。无论是丰满的胸部，还是扁平的胸部都能营造出比较理想的胸部曲线，如图6-22所示。

③机能型胸罩　主要用于胸部丰满健硕的女性。其功能可使得乳房向上集中，使其不会外扩或松散，达到美化胸部曲线的目的，如图6-23所示。

④长型胸罩　一般是胸罩和腰夹相连，产生一种稳固的作用，具有修饰体形的功能，适合

图6-21 舒适型胸罩

图6-22 钢圈型胸罩

图6-23 机能型胸罩

发胖期的女性穿用，如图6-24所示。

⑤无缝型胸罩 这类胸罩通常分为有钢圈和无钢圈两种。其罩面和里衬无剪裁线条而一体成型，简洁整体，穿着时可根据胸部的大小来选择合适的型号，如图6-25所示。

另外，根据胸罩的杯型面积，又可划分为全杯型胸罩、四分之三杯型胸罩、半杯型胸罩、水滴杯型胸罩四种。

胸罩在材料的选择上，通常采用钢丝和棉混纺织品。钢丝用于塑造胸罩的构架，棉混纺织品用于胸罩的罩面。在现代胸罩的设计中，高科技技术和材料的引入已越来越受到人们的重视。讲究胸罩设计的机能性、科学性以及审美也成为一种趋势。

（2）束衣 指的是那些能突出病强化女性优美的形体曲线，具有隆胸、束腰、丰臀功能的，且通常表现为胸、腰、臀连接在一起的内衣，如图6-26所示。一般来说，女性的身材会伴随着年龄的增长而发生改变，曾经是姣好的身段也会因岁月的流逝而变得不再自信。所以，束衣就成为生育后的年轻女性和中年女性不可缺少的内衣。另外，因为束衣对人体具有回缩性的特征，所以在材料的选择和研究方面就显得非常重要。要选择那些既具有吸汗、透气、护肤，又具有极强回弹性、轻便、柔软、久穿不累的天然纤维的混纺织物材料。

6.5.2.3 装饰内衣

装饰内衣指的是那些经过工艺美化，可以帮助修饰外衣取得整体造型美感的内用衣物，主要种类有套裙、连胸罩衫、衬裙等，如图6-27所示。其材料多选用丝绸织物或丝棉混纺织物等。从流行的角度来看，目前，内衣的外衣化，内衣的时装化已经成为一种潮流，新颖而奇特的装饰内衣在市场上屡见不鲜。而且其设计的风格也一改既往那种烦琐累赘

图6-24 长型胸罩

图6-25 无缝型胸罩

图6-26 索蕾尔束衣

的款式特点，朝着简约、高雅的造型特征迈进。

🦺 6.5.3　内衣材质特性

图6-27　装饰内衣

（1）丝质　丝质的触感、质料俱佳，不起静电，同时也吸汗、透气。唯一缺点是不好清洗，洗涤时必须用手非常轻柔地搓洗或干洗。丝绒具有棉布所没有的典雅华贵，其天然滑爽感，也是莱卡所缺少的。如果以法国蕾丝或瑞士刺绣与丝绒进行装饰搭配，可达到的华丽效果，其他面料很难做到。

（2）棉质　棉质吸汗、透气，保暖性强，穿着感觉很舒服，容易染色和印花，适用于少女型的内衣，创造青春气息。近年制造商也喜欢将棉质和各类纤维混纺。在棉质中加入化学纤维，尤其是用于调整型内衣裤，不但具有支撑的效果，而且不会闷热。使穿着感受绝不同于其他面料。另外从美感来说，平织棉布的印花效果与针织棉布的染色效果，都有一种天然淳朴和青春气息，也为其他面料所不及。

（3）尼龙　尼龙材料结实，不会变形，大部分文胸肩带以此做材料。

（4）氨纶　氨纶的伸缩性更强，比橡胶更富弹性，常用作胸围扣带，以免身体扭动时，会有束得太紧的不适感。

（5）莱卡　质感似橡胶的莱卡是产生于20世纪60年代的面料。当初发明的目的正是替代束腹紧身内衣的橡胶。所以，莱卡本身的特性就是富有弹性、舒适和具承托力，使内衣更贴身，不易走样，不易出现褶皱等。其细密、薄、滑的质感和极好的弹性，将"第二皮肤"演绎得淋漓尽致。莱卡面料制作的文胸、内裤、泳衣乃至袜子，其贴身的体感和抢眼的视感，都令人赞不绝口，再配以各式各样漂亮的蕾丝，可谓达到了美到极致的境界。

（6）新颖面料　包括高棉、烧毛丝光棉、丝绢等，结构紧密，光滑如绸，手感柔软，具有弹性，色泽艳丽，不缩水不褪色。高科技的弹性面料，极度光滑。丝质和革新面料以及印花棉布，成为现今设计师们面料上的首选。

🦺 6.5.4　内衣的设计要素

内衣设计的构思就是寻找突破口的过程，可以从宏观的角度入手，也可从具体的细节进行。可以借题发挥，也可以是客观想象。因为设计目的不同，所选择的目标角度也不同，有时设计的切入点与设计定位同时开始。内衣在造型的设计过程中，首先要立足于各类内衣的功能使用范围、应用特点，以及应具有的功能要求，然后进行新的款式设计创作，研制开发新的产品。

6.6 针织服装设计

6.6.1 针织服装的概念

　　所谓针织服装指的是那些由横针织机直接织出设计所需要的衣片，然后经过套口机缝合而成的各式衣服。随着服装行业的发展和消费观念的不断更新，针织服装也越来越受到人们的喜爱，成为现代服装的一个重要组成部分。与其他服装相比，针织服装有着独具的个性和功能。其良好伸缩性和舒适性，可充分体现人体的曲线美，久穿而不易产生疲劳。既具有良好的散热性，又有很强的保暖性。同时，由于针织服装造型简练，工艺流程短、生产效率高，因此，产品的更新换代快，能及时顺应潮流的变化，满足人们对新产品的审美渴望。尤其是当今针织服装早已走出了以内衣为主的局限性，成为服装行业中的一个新的亮点，针织服装外衣化、时装化的格局已经到来。

6.6.2 针织服装的分类

　　针织服装因为自身独具的功能特点，决定了它所涉及的范围非常广泛。总体而言，针织服装可分为两大类。

　　（1）外衣类　包括各类毛衣、运动服、社交服、日常用服、休闲服等。

　　（2）内衣类　包括普通内衣、装饰内衣、练功衣等。

6.6.3 针织服装的设计要素

　　根据针织服装的组织特色，通过设计的原则方法，重点来表现针织服装造型简练、高雅的特色（图6-28）。在色彩的处理上，虽然其配制的方法与其他服装相同，但是，因为针织面料的外观有绒面，客观上减弱了色彩的明度和纯度，使色彩变得含蓄且朦胧，具有一种神秘感。因而在设计过程中，应把握这种特性，

图6-28　某品牌的针织服装

创造出色泽含蓄、沉稳的视觉效果。此外，在装饰工艺方面可选用有虚线提花和无虚线提花的方法来丰富设计的内容。同时，也可利用织纹组织结构形成图案花纹的凹凸起伏效果。利用不同材料交替使用所产生的肌理对比，以及利用后加工和特殊的工艺处理，包括局部的饰品装饰等手法来强化针织服装造型风格。

6.6.4 针织服装发展的主要特点

6.6.4.1 针织内衣外衣化

针织服装原是作为内衣穿着的，如棉毛衫、汗衫、背心等。20世纪70年代以后，开始生产针织品外衣，至80年代，针织服装已经与国际流行款式接轨，例如青果领女式夹克衫、西装式三件套、圆摆西装等。开始仅是流行两用衫一类的服装，几年之后，设计新颖的针织时装大受欢迎。80年代后期，文化衫开始流行。

随着文化衫的风行，原来属于穿在里面的一些服装，逐渐在款式上有所变化，也可以穿在外面，如西服衬衫一改以往的贴身款式，袖、衣身都向宽松的方向发展，这样既能够作为内衣穿着，也能够作为外衣穿着。尤其是女式衬衫，年年更新，每个季度都有新的流行款式推向市场。

6.6.4.2 针织毛衫时装化

羊毛衫原来也是属于内衣一类的服装，如羊毛开衫、羊毛背心、羊毛套头衫等，而且色彩是以素色为主。20世纪70年代穿羊毛衫的人是少数，进入80年代以后，消费者的购买力明显提高，人们的消费观念也随之改变，羊毛衫的销量增加。生产厂家和设计师根据这一旺销的势头，在羊毛衫的款式和色彩上不断出新，外衣化、时装化的趋势越来越显著，传统的穿着方法已经不适合发展的趋势，更不适合人们追求个性的穿着。

作为外衣的羊毛衫根据季节、实用、方便、年龄、性别、流行款式、流行色等条件进行设计，羊毛衫开始风靡全国。时装化的羊毛衫以宽松、加长为基础，突出外衣特征，在制作工艺上也有很多创新，装饰方法更是层出不穷，如绞花、方格、直条、提花、印花、绣花等，在色彩上有适合男女老幼的多种颜色。时装化的羊毛衫至今仍然流行不衰，如图6-29所示。

图6-29　凯卓（Kenzo）羊毛衫

6.6.4.3 户外服装多样化

随着旅游和运动等户外活动成为人们生活的一部分，户外服装的内涵越来越广泛，是针织服装的一个重要内容，包括运动装、运动便装、夹克衫及T恤等。运动装为人们参加运动时穿用的衣服，有易穿脱、易动作、透气性好以及吸汗力强等特点。运动装本来是为竞技场专门设计制作的，但因为世界范围内体育活动和健身活动的蓬勃开展，各种带有运动装造型的服装越来越为人们所喜爱。同时，生活节奏的加快、观念的更新在服装上反映为人们喜爱宽松、随和、舒适及行动方便的式样。运动装具有上述这些实用特征，很快产生了比较生活化的运动便装，其特点为短小、紧身并舒适、合体，面料多采用弹性织物、针织面料。因为崇尚自然，运动装又流行全棉织物服装，色彩多采用鲜亮、明快的色调。

T恤也成为人们喜爱的样式。T恤是一种圆领、平面展开呈T形的针织套装，作为内衣或运动装流行至今。T恤自20世纪60年代开始流行，到了70年代形成热潮，至今已经成为常见的日常便装和运动装。T恤采用柔软有弹性的针织面料，上面常装饰有图案标志。

运动装的发展则逐渐专业化，由原来稍微松身小巧的便装样式转为从面料到款式都非常专业化的服装，而原来的老式运动装最后则大多演化成日常便装。法国著名网球明星勒内·拉·考斯特在20世纪20年代设计制造的短袖针织翻领运动衫，被称为拉考斯特衫，也称鳄鱼衫，在服装的前胸上缀饰一条活泼可爱的小鳄鱼为标志而得名。现今，拉考斯特衫成为世界上流行最广泛的运动服装之一。

随着社会发展，尤其是近年以来服装审美倾向发生变化，人们对那些束缚身体的服装造型已感到厌倦，取而代之的是追求轻松自然、穿着舒适的服装造型，所以针织服装和其他休闲装一样，越来越受到人们的重视。当今的针织服装早已不是以内衣为主，而针织服装外衣化及时装化已是大势所趋，风格也是多样化的，有以实用为主符合流行的针织套装，也有讲究个人风格品位、突出独到设计的针织时装礼服，如图6-30所示。

图6-30 三宅一生（Issey Miyake），2019秋冬

🈷 6.6.5 针织服装面料特征

针织服装面料因为靠一根纱线形成横向或纵向联系，当一向拉伸时，另一向会缩小，而且能朝各方面拉伸，伸缩性很大，弹性好，所以针织服装手感柔软，穿着时适体，能显现人体的线条起伏，又不妨碍身体的运动。针织服装面料的线圈结构可保存较多的空气量，因而透气性、吸湿性和保暖性都比较优良。但因为针织服装是线圈结构，伸缩性很大，面料尺寸稳定性不良。这些性能特征是普通针织服装所共有的，是设计师在设计任何针织服装前所必须考虑的首要因素。

针织服装是指以线圈为基本单元，按照一定的组织结构排列成形的面料制成的服装。针织服装通常是相对于梭织服装或机织服装而言，而梭织服装的最小组成单元是经纱与纬纱。近年来，全球针织服装取得非常稳定的发展，针织服装在成衣中的比例已由30%增长至如今的65%。近几年国内针织服装业获得快速发展，各大商场服装销售区中，最引人关注的就是针织服装，其在成衣中的销售比例达到45%，虽然与国际水平相比还有距离，但可以看出这是一个极具发展潜力的服装门类。

针织面料是服装面料中极具个性特色的类别，在结构、性能、外观及生产方式等方面都与机织面料有较大的不同。首先，从结构来看，针织面料不是由经向和纬向相互垂直的两个系统的纱线交织成型，而是纱线单独地构成线圈，经由串套连接而成。针织面料的结构单元是线圈，线圈套有正反面的区别。从外观来看，凡正面线圈与反面线圈分属织物两面的，是单面针织物。混合出现在同一面的，则为双面针织物。根据线圈结构和相互结构的不同，针织面料可分为基本组织、变化组织及花色组织三大类别。根据线圈构成与串套的不同，又可分为纬编织物和经编织物两种。在纬编织物中，一根纱线即能形成一个线圈横列；在经编织物中，要由很多纱线才能形成一个线圈横列。

其次，从生产方式来看，针织面料的生产效率高，工艺流程短，适应性强。原料种类和花色品种繁多，各具特色的针织面料可以满足不同服装的用途需要。针织面料和梭织面料相比，主要在弹性、透气性、脱散性、卷边性等方面有极大的区别。针织面料的手感弹性更好，透气性更强，穿着舒适、轻便。既可以勾勒出人体的线条曲线，又不妨碍身体的运动，但也伴有外观形态不够稳定的缺陷。化纤针织面料具有尺寸稳定、易洗快干以及免烫等优点。

在针织服装的造型中，制约成衣档次和产品风格的重要因素在于材料的性质与性能。一般而言，用于针织服装的材料主要分为天然纤维与化学纤维两大类别。其主要的材料品种包括羊毛纱、雪兰纱、"美丽奴"纱、羔羊毛纱、兔毛纱，另有天然毛纤维与化学纤维混纺纱。混纺毛纱是利用天然纤维和化学纤维混合纺纱而成，是现代针织服装常用的材料之一。混纺毛纱既有天然毛纱的柔软及良好舒适的感觉，同时又有很强的韧性和牢固度，且价格便宜，其成衣的服用范围很大。

6.6.6 针织服装设计的风格

科学技术的发展，使大量的新型针织材料被开发出来，为针织服装设计提供无限发展的可能性。同时，随着服装文化的进一步变革，追求轻松、自然、舒适已成为人们审美的主流。所以，针织服装在受到人们青睐的同时，以其独特的造型向外衣化与时装化发展。在针织服装的设计上，有下列主要特点。

（1）造型简洁、高雅 现代的针织服装通常是用横针织机完成，可以通过针数的增减、组织结构的改变及线圈密度的调节，直接织造出设计所需的衣片，然后经由套口机缝合即成为各式成衣。这种特殊的工艺特点，决定了针织服装的简洁和概括的造型结构，而正是这种简洁性与概括性，使针织服装的设计显得更加高雅脱俗。

（2）色彩沉静、含蓄 因为针织面料的外观是绒面的，这层绒面犹如雾中观花，客观上减弱色彩的明度与纯度，使色彩含蓄而朦胧，具有一种神秘感。所以，在针织服装的色彩配置上需要把握这种特性，充分利用色彩的配置形式及其规律，使其达到既和谐统一，又沉静、含蓄的视觉效果。

（3）装饰工艺新颖、独特 针织服装的装饰工艺通常有无虚线提花和有虚线提花。无虚线提花成衣的装饰图案花纹的背后不带虚浮线，这种装饰工艺其成品的分量轻，花型自然柔美，通常用于一些高档的和轻薄的针织服装之中。有虚线提花成衣的装饰图案花纹背后有一些虚浮线，这种装饰工艺图案花纹比较丰满和立体，色彩上变化丰富，形式上有一定的自由度。因为是双层纱线，其成衣显得厚实，通常用于中低档的针织服装之中。同时，可利用织纹组织结构来形成图案花纹的凹凸起伏的装饰效果。利用不同的材料组织和不同色彩的材料交替应用，造型手段有织纹变化、色彩变化、花色面料交织、织印结合及不同材质镶拼来强化针织服装的不同风格。

此外，科学技术的提高，新材料、新工艺、新机械的出现以及设计思潮的不断更新等，均促进针织服装的发展，使针织服装更加趋向实用性和审美性并重的设计特点。

6.7　童装设计

6.7.1 童装的概念

所谓童装，主要是指幼儿与儿童穿的服装，也包括中小学生穿的学生装。童装设计所需要注意的是掌握儿童每个发育阶段的体态特征及心理特点。例如，婴幼儿时期儿童的体态基本特征为头大、颈小、腹大、无腰。此时儿童处于生长发育最快、体态变化最大的阶段，因此，此阶段童装设计以舒适、方便、美观、实惠为原则。

童装造型的设计定位由于每个成长期而变动，人从出生到16岁这一阶段，根据其生理及心理特点的变化，大致可分为婴儿期、幼儿期、学龄前期、学龄期和少年期五个阶段。在设计上要求色彩搭配对性格性情应有一定的互补作用，面料选择随身体和活动的因素而定，装饰手法灵活多变。所以儿童服装个性化、时尚化、品牌化、系列化的趋势是不可避免的。

👕 6.7.2 童装的分类

童装通常分为婴儿期童装、幼儿期童装、学龄期童装、少年装四大类。

6.7.2.1 婴儿期童装

婴儿期童装是指孩子从出生到周岁左右穿着的服装。此时的儿童体型特点是头大身小，这时婴儿睡眠时间较多，属于静态期，服装的作用主要为保护身体和调节体温，服装的作用类似睡衣。所以，要选择柔软、细腻、皮肤感觉好的材料，纽扣应少用或不用，而以柔软的布带代替；款式上力求简单、宽松、穿脱方便；色彩及图案宜浅淡、雅致，要点是强调结构的合理性，如图6-31所示。

（1）造型　为适应宝宝的发育成长，婴儿期童装的选型要简洁、舒适、方便并有一定的宽松度，服装一般是上下相连的长方形，需有适当的放松度。婴儿睡眠时间长，不会自行翻身，因此不宜设计有腰接线，不宜在衣裤上使用松紧带，不宜穿半胸恤，领口宽松，领高偏低。所以打揽（用各种颜色的绣花线将布抽缩成各种有规则的图案，能起到装饰与松劲作用，一般用于袖口和

图6-31　某品牌的婴儿期童装

前胸及腰围上）是婴儿服中最常用的装饰和造型手法。最好袖子宽大，前面开襟，裤子开裆，衣服的结构尽量减少缉缝线以减少对皮肤的摩擦，对服装的性别区分要求相对较低，以实用性为最高要求。

（2）面料　婴儿的生理特点是缺乏体温调节能力，易出汗，排泄次数多，皮肤娇嫩。所以，婴儿期童装的面料选择必须特别重视其卫生与保护功能。衣服应选择柔软宽松，具有良好的伸缩性、吸湿性、保暖性及透气性的织物。通常选用极为柔软的超细纤维织成的高支纱的精纺面料（纯棉、混纺）和可伸缩的高弹面料，如图6-32所示。

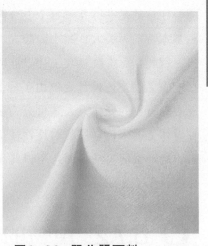

图6-32　婴儿服面料

（3）色彩　以白色或粉色为主，白色能够有效避免因染料过敏对婴儿的伤害，而粉色、粉黄、粉红、浅蓝更可衬得婴儿小脸娇嫩，犹如天使般纯洁可爱。

（4）装饰　婴儿的体形非常可爱，运用简单的彩绣、打缆绣、贴绣与小花、小动物、卡通、水果等图案装饰，会产生美妙的童稚情趣。装饰要尽可能简单，避免影响舒适。

6.7.2.2 幼儿期童装

幼儿期是指1～3岁。在这段时期里，儿童身长和体重增长较快，身高75～100cm，身高为4～4.5倍个头长。体形特点为头大、颈短、肩窄、四肢短、挺腰、凸肚。在此时期，孩子发育成长速度最快，并且开始做行走、跑、跳、投掷等各种动作。对事物的认识能力、思维能力也在明显提高。这时的童装，除具有保护身体和调节体温的作用外，还起到使儿童认识事物的启蒙教育作用。因此，幼儿期童装的式样要求灵巧、活泼、多样。服装结构也不应过分复杂，以穿着宽松、脱换方便为佳。所以，宜选用柔软、坚固、朴实的材料来制作服装。款式除了宽松、轻便以满足孩子活动的需要之外，还应力求活泼大方。此外，把儿童喜爱的、熟悉的动植物或者故事里的主人公等，用夸张、抽象、喻义的方法进行再创造，使其人格化、个性化、童稚化，并将它们恰到好处地运用到儿童的服装上，如前胸、口袋、膝盖、后背等部位，不仅可以起到美化服装的作用，还能唤起儿童热爱生活的热情，达到启迪智慧、培养健康审美情趣的目的。

4～6岁为儿童的学龄前期。在这一时期，儿童发育成长速度较快，一年约增长6厘米，身高比例为5～5.5倍个头长。同时孩子的智力、体力发展也非常迅速，已能自如地跑跳，并具一定的语言表达能力。因为孩子已开始在幼儿园接受教育，生活逐渐自理，还能很快吸收外界信息，对新鲜事物充满好奇和渴望。表现在穿着上，对各种色彩鲜艳、视觉冲击力强的图案与造型表现出极大的兴趣和好感。男孩与女孩在性格与爱好上已有差异。服装以该时期的款式造型变化为最多，且最能体现各种童趣。幼儿期和学龄前期服装在设计上大致相同，这个期间服装设计最丰富多彩，如图6-33所示。

（1）造型　幼儿期童装设计应着重考虑形体，以方形、A字形为宜，结构应考虑实用功能，多设计正前方位全开合的扣条方法，以训练幼儿学习穿衣。幼儿期童装的设计应着重于形体造型，尽量少使用腰线。而连衣裙、吊带裤、裙式背心裤的设计既要方便活动又要考虑到不易滑落。同时，幼儿期童装的结构应考虑其实用功能。为训练幼儿学习自己穿脱衣服，门襟开合的位置及尺寸需合理。按常规多数设计在正前方位置，并采用全开合的扣系方法。幼儿的脖颈短，不宜在领口上设计烦琐的领型和装饰复杂的花边，领子应平坦而柔软。春、秋、冬季多使用小圆领、方领、圆盘领等关门领，夏季可采用敞开的V字领和大、小圆领，有硬领的立领不宜使用。为了穿着方便，还可以将外套设计为可两面穿，还可配有可拆卸衣领。幼儿的天性使他们

图6-33　某品牌的幼儿期童装

对口袋的需求和喜爱非常强烈，如花、叶、动物、字等形状用贴袋式出现更能丰富童装的趣味。

（2）面料　夏天可采用吸湿性强、透气性好的泡泡对条格布、色布、麻纱布，特别是各类高支纱的针织面料（如纯棉、麻棉混纺、丝棉混纺等），更具有柔软、吸湿、舒适的服用效果。秋冬宜采用保暖性好的针织面料，全棉或精选棉混纺均可。而这个年龄段的儿童常常有随地坐、随处蹭的习惯，因此关键部位可选用涤卡、斜纹布、灯芯绒不同面料做拼接组合，也能产生特别有趣的设计效果。

（3）色彩　采用鲜亮而活泼的对比色、纯净的三原色或粉色系列更能表现幼儿期童装的天真可爱，色彩的拼接、间隔或碎花面料做图案等均能产生很好的色彩效果。

（4）装饰　幼儿期童装装饰设计的图案以仿生为主要形式，如人物类、动物类、花草类、文字类等，多取材于神话与动画。背包袋的小动物头型在服装上的运用也是非常普遍。这既丰富了童装设计的天地，也给孩子们创造了一个想象的空间，如图6-34所示。

6.7.2.3 学龄装

学龄儿童也称小学生阶段。此时的儿童7~12岁，身高115~145cm，身高为5.5~6倍个头长，肩、胸、腰、臀已经逐渐发生变化，男童的肩比女童的肩宽，女童的腰比男童的腰细，女童这时的身高普遍高于男童。这一时期孩子的身体逐渐长得结实，颈部渐长、肩部渐宽、腹部渐平、腰节也逐渐显现。而且孩子的运动机能和智力机能也开始发达起来，慢慢脱离幼稚，从不定型趋向定型的个性发展。

学龄期儿童已开始过以学校为中心的集体生活，也是孩子运动机能和智能发展较为明显的时期。孩子逐渐脱离幼稚感，有一定的想象力与判断力，但尚未形成独立的观点。服装以简洁的各类单品的组合搭配为主。男孩子和女孩子的体态、性格也开始有显著差异。生活环境从以家庭为中心转变为以学校为中心。所以，这个时期的服装也应当从童稚逐渐走向成熟，以便满足孩子身心发展的需要。服装的材料仍以坚牢、朴实为宜，服装的式样应既活泼又端庄，既美丽又大方，如夹克衫、背带裙、运动衫等。

图6-34 某品牌的幼儿服装饰

女孩的裙长通常到膝盖部位，多用柔和的曲线造型。男孩则多用直线，以显示男孩的坚强与刚毅。有条件的地方，最好让入学后的孩子穿统一的校服。总之，该时期的服装应有利于孩子的个性发展，有利于培养孩子的集体主义观念，如图6-35所示。

（1）造型 校服是该年龄段的主要服装。校服设计要有标志性及运动性，款式最好可调节和组合。女童偏爱花边、蝴蝶结、飘带等繁多细小的装饰和泡泡袖、莲蓬裙、A字裙等服装款式，体形也开始发育，在日常服设计中可选择X型。男童则喜欢简洁明了的服装款式，如T恤、背心、夹克、运动裤等，装饰物件也以拉链、铜扣为主，宜用H型设计运动服，并尽量多设计单体可组合的休闲装，满足心理和功能的需要。这一时期童装最典型的特点为服装的功能性、美观性的结合。

图6-35 博柏利（Burberry）学龄装

（2）面料　学龄装的面料选择范围较广，仍以价格较低为标准。面料要求质地轻、牢、去污容易，耐磨易洗。如春夏季以纯棉织物T恤、运动套衫为主，而秋冬季以灯芯绒、粗花呢、厚针织料等为主。安全因素，也是为这个年龄段孩子设计服装时需做考虑的重要因素之一。设计时可在童装上选用具有反光条纹的安全布料。也可选择使用具有防火功能的面料。一些较为时尚、新颖的服装材质，如加莱卡的防雨面料、加荧光涂层的针织类面料等，不仅可以极大地美化孩子，还可充分满足孩子追求新奇的心理要求。

（3）色彩　这一时期的男、女童在兴趣、爱好、习惯上也产生了非常明显的差异，反映在服装上，对色彩、图案、款型的取舍也有显著差异。如女童偏爱红色、粉色等暖亮色系，而男童偏爱黑、灰、蓝、绿等冷灰色系。校服颜色稍偏冷，色彩搭配宜朴素大方；日常服则可活泼、鲜艳。

（4）装饰　学龄装的装饰多强化标志的设计，生活装的装饰应注意考虑该年龄段的特性，或花边刺绣，或图案纹样，或色块拼接，均可满足这个年龄段孩子追求新奇的心理，起到美化心灵的作用。

6.7.2.4 少年装

少年期是指13～17岁的儿童，这个时期的儿童体型已逐渐发育完善，特别是到高中以后，一般孩子的体型已接近成年人。男孩的肩越来越宽，显得臀部较小；而女孩则体现出显著的女性特点。此时的孩子逐渐接近成年人，有一定审美意识，懂得不同的场合服装的适合性。特别是这个阶段童装的功能类型分得特别细致，如内衣、外衣、运动衫等。

（1）造型　该年龄段的服装除了校服外，生活装既有童装特殊的美感，也有成年人流行的特点。女孩的造型应可爱纯真，可用A型、T型、X型、H型，以能体现女学生娟秀的身姿及活泼性情的服装为主，如各类少女服装包括背心裙、运动时装、网球裙等。男孩的特点是朝气蓬勃，男装则以各类休闲衫与休闲裤的组合为主，其中，各个品牌的运动装是男孩最喜爱的服装模式。

（2）面料　此时服装的各种面料的混合运用极为普遍，但日常生活服仍以棉、麻、毛、丝等天然纤维或与化学纤维混纺的面料为主。

（3）色彩　色彩所表达的语言和涵义应合适，少年装主要表达积极向上、健康活泼的精神面貌。

（4）装饰　这一时期的装饰手法较既往更为多样，除常用的花边、抽裙、荷叶边、蝴蝶结等，各种上下呼应的系列装饰手法，也能很好地起到装饰作用，如镶边、明线装饰、双线装饰、嵌线袋使用、贴袋使用等。在出席正式场合上，可使用珍珠、水钻、金银丝刺绣等高档材料，如图6-36所示。

图6-36　古驰（Gucci）少年装

6.7.3 童装的设计要素

　　童装设计应根据儿童不同的发育成长期来设计满足他们各个时期的服装款式。除了要考虑服装的实用功能外，还需通过美化的手段来赋予童装更多的审美属性，以便更好地表现儿童天真烂漫的稚气。

　　童装系列设计主要是在应用等质类似性原理基础上，把握统一与变化的规律。首先，童装统一的要素，如轮廓、造型或分部细节，面料色彩或材质肌理，结构形态或披挂方式，图案纹样或文字标志，装饰附件或装饰工艺，单个或多个在系列中反复出现，即造成系列的某种内在的逻辑联系，使系列具有整体的"系列感"。统一性的运用越多，对视觉心理冲击越强烈，如图6-37所示。

　　其次，系列中应有大小、长短、疏密、强弱、正反等形式的变化，使款式的单体相互不雷同，也就是使每个单体有鲜明的个性。童装的统一要素在系列中出现越多，其统一性的联系越强，可以产生视觉心理感应上的连续性，增加服装带给人们的视觉冲击力。童装的造型、材质、色彩、装饰，乃至情调和风格，根据统一与变化的规律来协调好各要素，会产生出以统一为主旋律的童装系列，或以变化为基调的童装系列。

图6-37 古驰（Gucci）童装

7

成衣设计

7.1 成衣的分类

7.1.1 成衣设计的特点

（1）衣服的尺寸并非是为某一个人量身制作的，而是根据某一群体，统计出合理的系列尺寸、规格来制作。

（2）因为成衣的生产方式是为了适应某一广大的群体，所以，生产模式与产品规格均有一定的依据，因此当属工业产品的一环。

（3）成衣设计大都按其款式，有适当的洗烫标志。此外，因成衣是工业产品，独立的商标，消费者可通过其了解到大致情况。成衣的标识一般包括有用料成分、尺码、价格等。

（4）成衣设计必须具备的特殊含义有：①品质规格化；②生产机械化；③产量速度化；④价格合理化；⑤式样大众化。

成衣设计是针对市场需求，为所服务的企业进行产品的设想、策划、预算、试制，目的是让所设计的新样板能够投入批量生产及投放市场，并得到消费者的认同与喜爱，从而为企业创造效益，如图7-1所示。成衣设计还是服务性工作，是设计师实现自我价值的基本途径，就是用自己的设计为企业、为广大消费者服务，并通过服务获得报酬、信任和尊重，得到自我完善的条件和再服务的机会。

所以，成衣设计必须满足人们的生理需求与心理需求，生理需求来源于人类的本能，例如对服装材料的选用是否合适、省道的设计是否符合人体工程等。背离人的生理需求而设计的产品不能称为成衣设计，充其量仅能算是服装创作，作为一种展示的功能而存在。成衣设计还应理顺商品定位与流行

图7-1 古驰（Gucci）2020春夏男装

的关系。服装业是一个日新月异、千姿百态的行业，把握流行的趋势和把握企业的产品定位也是设计的关键。其设计既要符合流行的趋势，又不盲目追随；既要把握产品定位，又不被原来的产品定位所束缚。充分掌握好各方面的"度"设计出来的产品才能受到消费者的欢迎。

🔘 7.1.2　成衣的分类

成衣有大众成衣和高级成衣之分，它们分别有着不同的消费群体和市场。

7.1.2.1　大众成衣

大众成衣（又称为普通成衣）是在高级时装和高级成衣的引导下，设计生产出的实用的、符合大多数消费者需要的服装。它在一定程度上体现出高级时装所表达的流行倾向，但淡化了其中夸张的部分，选用普通面料，机器

图7-2　某品牌女款牛仔衬衫外套

化批量生产而且价格便宜。大众成衣通常由一般的服装厂家和公司的设计人员针对大众（可以细化为具体的大众群体）设计。这类成衣中既包括那些随流行趋势变化而设计生产的时装，也包括不太受流行趋势左右，约定俗成，受大众欢迎，相对稳定、成熟、固定的服装，如基本款的衬衫、牛仔裤、风衣以及夹克等（图7-2）。

大众成衣具有自身特点，如机械化大批量生产；具有完善的尺寸号型标准序列；价格便宜，适于普通消费者购买水平；创造性地选用便宜的材料和生产技术，将高端市场著名设计品牌流行趋势转化为普通成衣；创造的同时应努力迎合消费者的品位水平。普通成衣设计师的灵感不能仅依靠T台设计师的引领，还要善于把握服装消费市场的动态及消费者的内心需求，从衣食住行等多个领域获得设计灵感。

7.1.2.2　高级成衣

高级成衣界于高级时装与大众成衣之间，诞生于20世纪60年代，是对高级时装下行的转化，为其赋予特定的尺寸标准序列，消费者可直接从小型时装专卖店和高级购物中心购买。与高级时装相比，高级成衣价格便宜很多，虽然不是个性化定制服装，但在设计、细节和后整理等方面仍然给予高度重视，保留了高级的品质。高级成衣总体上具有简约的造型结构，其线条或干净利落，或婉约流畅，符合更多的处于中产阶层消费水平顾客的要求，具有旺盛的生命力（图7-3、图7-4）。目前大多数从事高级时装定制的设计师拥有

属于自己的高级成衣二线品牌，高端设计师的高级成衣同样分化成若干系列，有针对性地细分消费群体，其价格中高，层次不等。现今大多数设计师时装品牌属于高级成衣范畴。

图7-3 安普里奥·阿玛尼（Emporio Armani），2020春夏

图7-4 博柏利·珀松（Burberry Prorsum），2016春夏

7.2 成衣类服装设计

7.2.1 成衣类服装设计的特点

成衣类服装设计的特点源于成衣的基本特性，可以批量生产、购买即穿，且价廉物美、适应面广，由此决定成衣设计简洁、美观、大方和实用的基本格调，以及平中求异的设计特点。

🎽 7.2.2　成衣设计的两个阶段

7.2.2.1 收集资料、汲取灵感，确定成衣设计主题与方案阶段

成衣设计通常是以设计师团队进行的。团队的灵魂人物是设计总监，他对下一季服装的设计定位工作十分重要，起到统领作用。设计师包括时装概念设计师（也指设计总监）与一线设计师（也称为服装款式设计师），一线设计师按照设计总监所提出的设计概念和主题，扩展成衣设计。两者的区别就在于他们分别从事于不同阶段的设计工作，第二阶段的成衣款式设计是以第一阶段成衣的概念设计为前提而进行的。

确定成衣设计主题，提出基本设计概念，首先要有设计灵感。获得设计灵感的途径很多，一般有旅行、参观博物馆、浏览当代画家和以往画家的作品、聆听古典音乐和现代音乐、品尝美食、关注新的事物、吸收新的文化等。设计师从中寻找灵感，采用设计草图的形式将它们表达出来。往往需要对多个灵感尝试，才能最终确定出下一季成衣设计的主题，包括廓型、色彩、肌理、面料及裁剪的初步设想。当然，设计灵感不仅来自对事物的感悟，也要依赖于流行信息咨询和市场调研。

7.2.2.2 成衣主题系列的设计表达阶段

进入到成衣设计的第二个阶段就意味着对第一阶段所确立的服装设计概念和设计主题方案的款式表达与扩展。这是服装设计师团队协同合作共同完成的。这个阶段的设计不仅有明确设计方向上的框定，而且还有成衣设计价格控制方面对设计（面料、款式、工艺等）基本要求的限制。虽然如此，却仍然要求设计师尽量打开思路，并保持设计思维的连续性，以设计草图的形式设计成衣并不断演变延展。一般一个设计点或款式可以发展为几十个款式；一个主题能够延伸出上百个款式草图或更多。最终样衣款式是在丰富的设计草图中甄选并经过修改完善后而确定。

🎽 7.2.3　成衣类服装设计的基本要点

7.2.3.1 充分掌握流行信息和目标消费者心理

在成衣产品明确定位的基础上，充分了解目标消费市场的动态，掌握目标消费群体的消费心理，这是关系到成衣设计能否取得成功的关键问题，这和表演性服装有着很大不同。所以需要进行市场调研，周密、深入的市场和流行趋势的分析研究，包括对服装市场以及与时尚相关的信息进行实地与网络的调研；从色彩、面料、造型各方面分析影响时装变化的社会因素；将时装设计、服装史知识与消费者的信息相结合。

7.2.3.2 把握好成衣设计的价位

进行服装造型以及款式设计、结构设计、工艺设计、细节配饰设计、面辅料选择的一系列整体设计过程中，要自始至终保持冷静的经济头脑，始终考虑到服装的成品价格、产品服务群体相应的购买力以及市场竞争的问题。尽量做到在保证基本外观要求的前提下，减少款式和工艺的复杂性和面料的用量，并可以巧妙地选用替代品降低服装的成本。通常成衣的成本价是出厂价的一半，出厂价是批发价的一半，批发价又是市场零售实价的一半。可以以价格反推的方法把握成衣设计诸要素的选配。此外，还要有另外两个价格比的概念，即上一季流行的服装价格和继续上季流行服装价格之比为3∶2；上一季流行的服装价格和本季新设计的服装价格之比为2∶3。

7.2.3.3 成衣设计要体现美观、大方、新颖、实用、简练及舒适的原则

美观、大方、新颖、实用、简练及舒适是成衣设计的原则，要做到这些，就必须注意下列几方面：①不要随意加东西；②不但款式好看，穿着者上身效果也要好看；③成衣能与身体融合在一起；④不可一味地追求某种造型或艺术效果而忽视服装的功能性（图7-5）。

7.2.3.4 具有把控服装面料的能力

面料是服装设计三要素的重要组成部分，作为成衣设计师，应具备一定的能力，如丰富的关于服装面辅料的基本知识；充分了解服装面辅料的流行趋势；掌握流行面辅料以及配饰的花色品种、价格、性能和特点；熟悉面辅料生产厂家、供货商及销售市场，确保设计出来的服装能立即投入生产，而不得出现找不到相应面辅料和配饰的情况。

图7-5 赛琳（Céline），2018春夏

7.2.3.5 善于借鉴并转化为高级服装设计

将引导时装流行的信息（高级时装和大师的作品）转化成大众所能接受的东西，是成衣设计师需要掌握的重要本领。这里的转化包括以下内容。

（1）款式的转化 款式的转化即将夸张的、艺术化表现的复杂的廓型和款式加以弱化、简化、实用化处理。

（2）材质的转化 材质的转化即将高级的、精致的面辅料如服饰配件等加以降低品质和简化处理。

（3）工艺的转化 工艺的转化即将复杂、讲究的制作工艺加以简化和普通化处理。

图7-6和图7-7是高级时装与大众成衣在同年度中的两组作品。对比观察能够很明显地看出，后者对前者风格特点（色彩、图案、款式及面料）进行很好的演绎，既体现出流行趋势，又具有很好的实用性，赋予其物美价廉的特点。

图7-6 高级时装

香奈儿（Chanel），2019春夏

图7-7 体现高级时装流行信息的大众时装

ZARA（飒拉）2019金属色线针织外套

　　成衣设计师还可采取印花和降低材质价格的方式演绎高级时装饰品的流行趋势（图7-8、图7-9）。

图7-8　高级时装的手工立体花朵

香奈儿（Chanel），2018春夏

图7-9　以物美价廉的形式，转化为成衣装饰

ZARA（飒拉）2019压胶印花T恤

7.2.3.6　善于进行服装的局部变化设计

　　人们日常穿用的成衣款式之间都有着造型及结构上的联系，所以，成衣设计往往是在一些基本要素的基础上进行的，是在细节中取得变化的。设计师可以较多地着眼于服装内部款式细节的变化以及色彩和面料的变化。图7-10展示出成衣设计局部变化的特点。图7-10（a）直接在青果领女式短外衣的基础造型上，在腰部添加系扎布带的细节设计，使整体服装产生变化和新意；图7-10（b）将普通的衣裙加宽悬垂，配上一根腰带强化其变异的设计效果；图7-10（c）和图7-10（d）是在基础裙形上，一个用两根拉链处理省道，另一个用折叠的方式处理裙身，产生简洁大方、新颖别致的视觉效果；图7-10（e）在裙摆上进行前短后长的处理，选用肌理效果显著的面料，赋予成衣以灵动的设计感。

（a）　　　　　　　　　（b）　　　　　　　　　（c）

（d）　　　　　　　　　　　　　　（e）

图7-10 成衣设计的局部细节变化

7.2.3.7 善于采用组合、复合的方式进行设计

组合与复合的设计方法也称为混搭，这是一种创新设计的手法，适用于各种类型的服装设计，只是混搭的方式与程度会有所区别。成衣设计的混搭大多体现在面料和款式细节上，具有容易让人接受的特点。图7-11是混搭风格成衣，整套服装款式简单大方，采用复合印花图案的面料（将不同图形纹样有机地组拼印花成面料，或直接将不同印花面料进行拼接），形成丰富多彩的多层次外观效果。图7-12是一款作为内衣外穿概念风潮下的服装设计，采取复合式的设计手法，在不破坏外衣总体视觉效果的前提下，在成衣的背部植入内衣的吊带元素，产生平中见奇、新颖别致的效果。图7-13是面料材质混搭成衣设计的典型案例，厚实的毛呢面料和带有光泽的皮革面料相拼合，给这款成衣外套注入新鲜的活力。图7-14中，设计师将上衣和背心两个款式合二为一进行设计，看似普通，却富于新意。

图7-11 混搭风格成衣

博柏利·珀松（Burberry Prorsum），2015秋冬

图7-12 内外衣款式元素混搭设计的成衣

亚历山大·麦昆（Alexander McQueen），2017春夏

图7-13 面料材质混搭设计的成衣

爱马仕（Hermès），2019秋冬

图7-14 上衣与背心复合而成的服装

亚历山大·麦昆（Alexander McQueen），2018秋冬

7.2.3.8 把握新一季成衣的设计布局

新一季成衣的设计布局通常由三大块内容构成，即上一季好卖的或流行的服装款式、类似上一季的好卖的或流行的服装款式、全新的服装设计。这三者间的比例通常把握在3∶3∶4。图7-15和图7-16是两组羽绒服。可以看到该羽绒服的特点包括：第一，拉链的装饰性表现；第二，腰带的收束处理；第三，双层叠领（兜帽）的设计；第四，橙色的隐退，白色的出现。该现象再一次说明成衣设计局部变化的特点。

图7-15 盟可睐（Moncler），2019秋冬

图7-16 波司登2018国际设计师联名款

7.2.3.9 把握成衣主题系列化设计的特点

成衣设计多为主题系列设计，每一季推出一个总的主题概念，围绕主题概念通常会延展出2~3个分主题。分主题之间有着各自的区别，但同时彼此间也会有某种内在联系。成衣主题系列化设计的特点包括以下几点。

（1）注重主题风格、色组及面料的统一配置，在款式变化中呈现出丰富的搭配形式。

（2）主题之间一般通过某种色彩或某种材料、某种装饰细节等彼此介入、呼应，从而产生联系。

（3）主题系列设计的成衣之间可以做单件自由搭配，消费者可结合自己的现状及个人爱好，组配和选购新款成衣。

图7-17是某品牌2020春夏成衣系列设计作品。印花面料和素色面料以各种比例搭配，分布于各个款式中，统一又富于变化。整个系列的成衣不仅能够遵照设计师组配的方式穿着，而且彼此之间还能够进行各种上下、里外、错套间的搭配，产生无穷无尽的款式效果，良好诠释成衣主题系列化设计的特点。

7.2.3.10 把握成衣品牌设计风格

成衣有高级成衣与大众成衣之分，它们由品牌的定位所决定。所以，成衣设计的另一个重要特点就是把握并协调好品牌设计风格与流行、创新间的关系，高级时装设计也是如此。在这个方面，著名的时装设计师卡尔·拉格菲尔德在执掌香奈尔品牌的服装设计实践中树立很好的榜样。他将香奈尔风格极佳地融入在每一季时装发布会的创新作品中，引导着世界时装潮流（图7-18）。成衣设计需要平静思考，包括价格、目标消费群

图7-17 某品牌2020春夏成衣系列

体和流行趋势等问题，以及对如何把握品牌设计风格的思考。设计师应善于处理自己的设计偏好和品牌风格的关系，将自己的设计喜好主动调整至品牌设计风格的框架之中，这也是成衣设计师所要具备的基本功。唯有如此，方可很好地融入到品牌设计团队之中，树立起一个完整统一的品牌形象。

图7-18 香奈儿（Chanel），2014春夏

7.3 成衣创意设计方法

7.3.1 适合纹样式的成衣创意设计方法

适合纹样是指在特定形状框限下设计出来的图案,其素材经过加工变化,组织在一定的轮廓线内。适合纹样具有严谨和适形的艺术特点,要求纹样的变化既可体现物象的特征,又要穿插自然,其外形完整,内部结构与外形巧妙结合,形成独特的装饰美。适合纹样在服饰上的运用不胜枚举(图7-19)。这种在限制下的设计,正是因为受到限制而具有了自由状态下设计所不曾有的魅力。

这种"适合性"的设计方法和成衣创意设计中的限制性特点相似。此处引用适合纹样的概念,实际上是取其广义"限制性"层面上的含义,而非狭义的形的限制。成衣设计的创意与高级时装艺术性创意的挥洒相比,受到很大的限制。其限制主要来源于成衣的基本性质,即实用性、功能性、日常性及通服性这种较大的消费群体性。此外还受制于成衣品牌的风格特征、流行趋势的驱引和技术水平等因素。

图7-19 适合纹样设计在服饰上的应用
M 米索尼(M Missoni),2016春夏

7.3.1.1 成衣基本性质框定下的创意设计

在从事成衣创意设计的过程中,注重对成衣实用性、功能性、日常性及通服性的关注与开发,往往能够有新的突破。图7-20是一款两种穿着效果的成衣,新颖别致。设计师充分考虑了长外衣的日常穿着实用性,保持基本造型,而在领口部分设计出一式两穿的款样,使成衣具备创新的多功能性。图7-21是超大尺寸的衬衫式变化型上衣,用可收

图7-20 实用功能框限下的成衣创意设计

博柏利（Burberry），双色棉质嘎巴甸Trench风衣

图7-21 "通服性"框限下的成衣创意设计

雅克慕斯（Jacquemus），2019秋冬

放调节腰带的束扎，充分体现出设计师对成衣的通服性或称普适性特征的考虑，当然也应同时考虑流行趋势的因素。给人的感觉同样是新颖别致，实用大方。总之，成衣的基本性质对创意设计的限制较多，而在其限制下的创意设计是无限的和独特的，关键是要掌握好"限制"，利用好"限制"，最终达到突破"限制"的创意效果。

7.3.1.2 品牌风格定位下的创意设计

成衣不仅有高级成衣与大众成衣之分，还有不同品牌风格定位之分，这对成衣创意设计起到重要的引导和限定作用。所以，成衣设计师必须能够将自己的个性融于品牌设计风格中，否则就无法保持品牌风格的延续。品牌风格虽然相对固定，但随着时代的发展，也会有微妙的变化，尤其是受到时尚流行的影响，这也正是成衣设计师需要把握的。

7.3.1.3 流行趋势定位下的创意设计

作为成衣设计师，要使自己的创意设计步入流行的轨道或是时尚感，则需要时刻关注时尚流行动态，将流行信息消化溶解入成衣设计作品中。一般会采用对T台上以夸张表现流行趋势的艺术形式进行弱化处理的方法，以进行适度的转化。图7-22（a）以夸张的巨型尺度毛皮领的形式强调这一流行趋势，图7-22（b）大翻领的流行元素以人们可以接受的程度呈现，但仍旧是整套成衣设计引人注目的重点。

7.3.1.4 特定廓型限定下的创意设计

特定廓型限定下的创意设计属于适合纹样狭义概念的范畴，即在特定廓型限定下的成衣创意设计。从设计形式来看，该受限制的力度最大，设计师要针对特定形状面料的框定从事成衣创意设计，还要对预设的成衣特定廓形"做文章"。而正是因为这种特殊的限制，才造就出令人耳目一新的效果。图7-18就是这种限定条件下的代表性设计案例，设计师根据正六边形的限制性特点，将服装设定为小斗篷，并巧妙地进行裁片的分割及领子的设计，效果奇特。如图7-23所示，服装经折叠后呈现出特定的平面几何形，其对设计的限制达到极致，已不是手工设计和制作所能完成，必须借助计算机的辅助设计。图7-24中设计师选用方巾图案面料，其特定的方形和方巾的边饰特点既给设计带来极大的限制，但同时也带来了因势利导、巧妙应用后的精彩创意感。

（a）芬迪（FENDI），2018秋冬　　（b）芬迪（FENDI），蓝色羊毛外套

图7-22　流行趋势对成衣创意设计的影响

 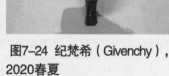

图7-23　特定廓形限定下的成衣创意设计

艾里斯·范·荷本（Iris van Herpen），2017春夏

图7-24　纪梵希（Givenchy），2020春夏

7.3.2　二方连续纹样式的成衣创意设计方法

二方连续纹样是指以一个或几个单位纹样，在两条平行线之间的带状形平面上，做有规律的排列并以向上下或左右两个方向无限连续循环所构成的带状形纹样（图7-25）。这里的成衣创意设计也仅是借用这种纹样广义上"重复连续排列"的概念，强调成衣设计所具有的延续性、重复性特征。具体表现为成衣设

图7-25 二方连续中的十字挑花图案

计对流行趋势的延伸、对基本服装造型的沿用和品牌特点的保持及上季畅销作品的继续。

🔃 7.3.3 四方连续纹样式的成衣创意设计方法

四方连续纹样是指一个单位纹样向上下左右四个方向反复连续循环排列所产生的纹样。纹样的组织形式分为散点式、连缀式及重叠式，连接的方式有对接与跳接（图7-26）。这里主要取四方连续纹样广义概念上灵活多变的排列组合方式来表明成衣设计中通过排列组合方式进行创新变化的方法。这种方法特别是在对流行元素的组合应用上有很大的优势，成为成衣设计重要的创意设计方法。

图7-26 四方连续图案

进行成衣设计，第一步是要把握流行趋势，从众多的流行信息中归纳提取出基本的流行元素，包括流行廓型、流行色、流行面料、流行款式及流行细节，以符号的方式进行标注，然后将品牌风格元素加入其中，与这些流行要素一起进行各种形式的组合。这是一种既简便又有效的方法，能够得到众多的体现流行趋势和品牌特征的成衣设计。

7.3.3.1 对流行元素的提取

对流行元素的提取可以从下列六方面进行，为了方便，可用以下数字和字母来代替。

（1）流行廓型（2~3个，用大写字母表示，即ABC）。

（2）流行色（4~5个，用小写字母表示，即abcde）。

（3）流行面料（4~5个，用阿拉伯数字表示，即12345）。

（4）流行款式（4~5个，用圆圈阿拉伯数字表示，即①②③④⑤）。

（5）流行细节（2~3个，用方括号阿拉伯数字表示，即[1][2][3]）。

（6）品牌风格元素（1~2个，用五角星图形表示，即★★'）。

7.3.3.2 对提取的流行元素进行各种组合

整套成衣的设计一般由2~3种色彩和面料搭配构成，然后将这些因素融入其中，所能获得的排列组合数可达到不可思议的程度。当然，采用四方连续灵活多变的排列组合方式得到的结果能够保证成衣设计的流行性和品牌的风格，但并不一定所有效果都好，因此还要以独到的眼光从中挑出精彩的款式。再在此基础上，进行认真的调整修改，使其具有理想的效果。从图7-27中能够清楚地观察到基本廓型、色组、面料组、款型组、细节配饰和品牌基本风格特点要素间丰富多彩的组合排列与灵活变化，具有强烈的整体感、趋势感和品牌形象感。

图7-27 卡罗琳娜·埃莱拉（Carolina Herrera），2020春夏

🐵 7.3.4 解构重组的成衣创意设计方法

流行趋势与品牌风格特点的服装设计构成要素间的排列组合和重组有着密切的联系。所谓解构，指的是将原结构肢解还原成每个局部的基本原始单位；重组就是将原结构肢解还原成每个局部的基本原始单位后重新组合，构成一个全新的、不同于以前的新物体。

对于服装设计而言，解构重组是将原本与服装创意设计主题相关的事物，包括服饰所具有的完整、固定的结构形式进行分解，然后将其解构出的要素经过选择，进行重新组合搭配，产生出崭新的服装面貌。

图7-28是一组采用解构重组方法完成的成衣创意设计作品，其中图7-28（a）是例外。设计师只采用解构的方法，将传统的风衣（大衣）造型肢解成超短的式样，打破原本约定俗成的固定模式，形成新颖独特的款式，而未与其他要素进行重组。可见，单独应用解构的方法从事成衣创新设计，通常是以颠覆传统或经典款式为其表现特征的。图7-28中的其他四款则是解构与重组两者的结合，产生出的效果更加丰富多彩。值得注意的是，重组所选择的元素可能是比较单纯、类型比较一致的，如图7-28（e），设计师对军猎装进行解构处理，提取其中领子、下摆、口袋、衣边及拉链等局部的细节元素，包括典型的军猎装色彩元素，并将这些元素重组，创造出具有浓重军旅风貌和崭新外观的服装作品。如图7-28（b），设计师肢解并提取中国古代龙袍的图案元素，将其与西式外套款式相组合，给服装注入中西服饰元素对比碰撞后产生而出的活力，富有震撼的视觉效果。图7-28（d）将两种不同类型的服装各取一半进行组合，对比效果也较为强烈。图7-28（c）则是一款注重解构重组形式美感的设计。解构重组的设计方法虽然相对创意设计的自由度较高，但对于成衣设计而言也不能随心所欲，还是要符合成衣的基本性质特征，掌握好"度"。

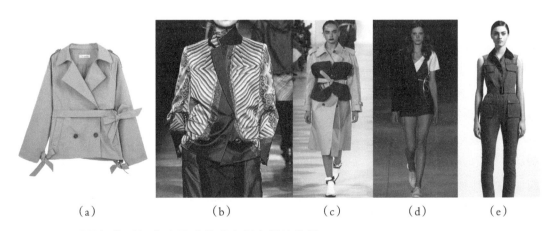

| (a) | (b) | (c) | (d) | (e) |

图7-28 采用解构重组方法而成的成衣创意设计作品

7.4 成衣设计效果图表达

🔲 7.4.1 成衣设计效果图的特点与要求

服装效果图分为时装效果图与成衣设计效果图。时装效果图侧重表现时装的个性、风格、氛围、艺术性，而成衣设计效果图侧重于表现款式的设计效果，一张图可以说明基本的设计构思、设计特点以及材质、结构版型上的具体信息，具有实用及实际操作的可行性特点。成衣设计效果图一般在纸面上包括两大部分，一是着装效果图的展示，二是平面款式效果图。

7.4.1.1 成衣设计效果图的特点

成衣设计效果图是设计者通过对人体着装姿态的绘制而对服装款式的具体描绘，是体现设计构思的一种表达方式，要表现一定内容，要有各种技法，要突出款式的设计特点。它是设计师整体构思设计的先导与传达设计意图的载体，是服装设计的专业基础之一，是成衣设计的重要环节，是衔接服装设计师、板型师和消费者的桥梁。所以，实用性是其最大特点，同时具有细致、完整等特点。

成衣着装效果图能够表现出人体着装后的状态，包括与其他服装的搭配状态、配饰搭配建议以及着装后人体的比例关系等内容，它在展现设计者的设计意图的同时，也极好展现出服装款式的设计特点及搭配风格。其风格以写实为主，也可以是夸张、抽象的（图7-29）。

总之，成衣设计效果图是服装设计师借以表达设计构思所绘制的图，是服装在完成缝制后穿着的预想效果。它将服装的设计构思，形象、生动、真实地展现出来，具有工整、易读、结构表现清楚、易于加工生产等特点。

图7-29 绘制精细成衣设计效果图

鲍钰婷，《畸形的母爱》（Arachnid Mother）

7.4.1.2 成衣设计效果图的基本要求

绘制着装效果图必须有良好的美术绘图造型能力，绘制好的着装和平面款式图应给人以准确、清晰的感受。对设计师而言，熟练地绘制效果图是服装设计入门以及求职并且进行服装设计的必要技能。绘制成衣设计效果图还有以下几方面特定的要求。

（1）准确　成衣设计着装效果图要求绘制的人物造型和服装款式要准确、生动，让观者对设计师的设计构思一目了然，甚至让制板师与打样师能从图中明白其基本的设计制作预想效果以及现实操作的可行性，而不是纯粹供人欣赏的时装画。此为成衣设计效果图的首要要求，失去这一要求，效果图的作用和价值将不复存在。而平面款式效果图则要求充分了解服装结构，对服装款式的比例、结构、各部位的款式形态、省道、分割线、结构线、装饰线以及衣身的比例关系等应准确地绘制出来，做到和生产样衣的一致（图7-30）。

图7-30 成衣设计效果图的准确性

秦嗣勇，《卡拉瓦乔风格》（Caravaggio Style）

（2）具体　成衣设计着装效果图要求对成衣的着装效果进行具体的描绘，从单件上衣、下裤的设计到搭配的效果都要具体表现，特别是设计的关键或设计亮点细节要重点、具体表现，做到一图一个款，并能实际操作。而平面款式效果图的绘制则包括所有服装款式正背面的详细信息、设计效果及结构与工艺。服装各部位的分割线、结构线、装饰线以及款式的比例具体到缉明线的宽窄等均必须具体化。若说绘制着装效果图是感性为主的设计表现，那绘制平面款式图则是理性为主的对设计师基本结构造型的考验，不具备一定的服装结构裁剪知识将无法画出准确、具体的款式效果图。对服装款式的熟练表现是服装工业化生产的必要技能（图7-31）。

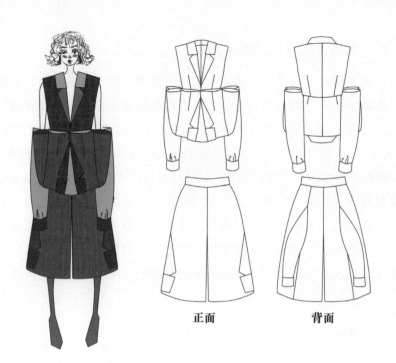

正面　　　　　　背面

图7-31 鲜明具体的毕业设计成衣效果图

姜佳晨，《隐藏面》（Behind the Mirror）

（3）突出服装　绘制着装效果图时，设计师应根据自己设计的款式，侧重选择人体模特，且提炼出简单的人体廓型和表情、气质特征，尽可能做到简洁明了，侧重服装的细节，以免喧宾夺主。除了公司本身的设计产品外，还应结合最近的流行趋势考虑与其他衣服的搭配，避免孤立于整体市场（图7-32）。

图7-32 款式效果图

姜佳晨，《隐藏面》（Behind the Mirror）

（4）结合平面款式图　着装效果图一定要结合平面款式效果图。成衣平面款式效果图是为计算纸样、织法提供准确的款式结构、设计细节、外形特点、尺寸大小以作为参考，因此必须严格按照要求绘制。梭织成衣类款式效果图注重比例、面料搭配及工艺细节，在款式图中无法采用绘图表达时可以通过文字描述、详细的工艺图进行说明。针织类成衣款式效果图除了具有梭织类服装的绘制要求外，还必须设计出成衣的尺寸、工艺的做法（如标明单边、罗纹、扭花等），标明针数与密度，无法确定密度的通过文字进行描述，如织法的松透、织法的紧密程度等。

7.4.1.3 成衣效果图稿的基本类型

（1）完整性着装效果图　为准确地表达设计师的设计思想与意图，在时间允许、工具齐全或者有具体的要求时，可以绘制完整性着装效果图。

完整性着装效果图包括服装的款式、面料、色彩、细节等，非常细致，有些甚至可以画得非常逼真。这类效果图可以准确地表达出设计师的构思，但是会花费大量时间和精力（图7-33）。

图7-33 完整性着装效果图

陆瞳，《蝙蝠侠的运动服》（Sportswear For Batman）

完整性着装效果图包括毕业设计成衣效果图、设计大赛成衣效果图及公司产品开发成衣效果图三大类。

①毕业设计成衣效果图　毕业设计着装效果图和设计大赛成衣效果图的要求和特点基本一致，作为在校学生，效果图重点训练创意、表达构思、设计特点表现等能力，一旦进入公司，效果图的要求不似在校的效果图那样要求艺术表现力，而是重点表现设计的实际可操作性。毕业设计的成衣设计效果图要求系列化，在完整地表现整体着装搭配效果的同时，要求在系列着装效果图表现后必须加上正背面平面款式图。实用、可行性、创意性、

设计的整体感、表现手法的成熟是评判毕业设计成衣效果图的首要标准（图7-34）。

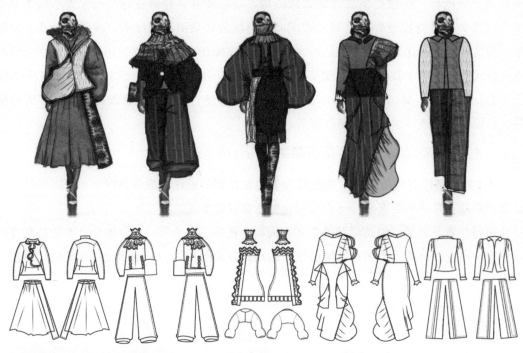

图7-34　毕业设计成衣效果图

张宇婷，《情绪小丑》（Emotional Clown）

　　②设计大赛成衣效果图　设计大赛类的成衣设计效果图兼具实用和艺术的特点，将实用和艺术有机结合起来，在重点表现成衣效果图的实用、可穿性强的同时强调表现服装的艺术感，将商业与艺术良好结合起来，给观者一种个性化的艺术享受。设计大赛类的成衣设计效果图主要强调系列感、整体感、设计感、时代感，要求设计师在具有熟练的绘图功底的同时具有一定的审美表现力、创意能力、画面的构思编排能力以及画面时尚、流行乃至一定的艺术表现综合能力（图7-35）。

图7-35　休闲装设计大赛入围效果图

第27届中国真维斯休闲装设计大赛优秀奖作品：吴玮宗，《92制造》（Made In 92）

③公司产品开发成衣效果图 公司产品开发的成衣设计效果图主要用于后续的样衣打样和生产投产，所以其主要表现的特点是清晰、准确。特别是对款式的表现侧重可行性、结构合理性等基本的款式造型特点，一目了然是其重要的评判标准，要求绘图清晰、表现准确、严谨而富有一定的创造力。对于设计细节的描绘也是其重点，从中能够看出设计构思的巧妙和创新价值的体现（图7-36）。

图7-36 公司产品开发成衣效果图

程子航，《速度与激情》（Fast and Furious）

效果图除形象地表现设计效果外，也可适当地标注设计说明，达到进一步清晰、准确的效果（图7-37）。

（2）简略性效果图 简略性效果图常用于设计师快速记录自己的想法和成衣公司的设计等。它不需要设计师如同绘制完整性服装效果图一样，将细节和来龙去脉都交代清楚，只需要记录一些设计点，必要时附上文字说明等。一部分成衣公司仅要求上交简略性款式设计图，因为绘制完整精致的着装效果图会浪费大量的时间及精力。设计师只要将设计思想表达清楚，能让总设计师或者艺术总监领会即可（图7-38）。

（3）平面款式效果图 成衣设计效果图在服装生产中包括着装效果图与平面款式

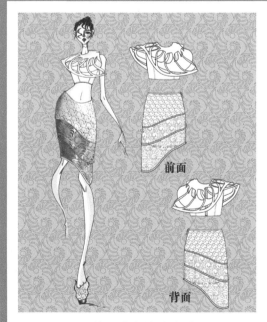

图7-37 服装生产中的成衣效果图

张佳慧，《鹦鹉螺》

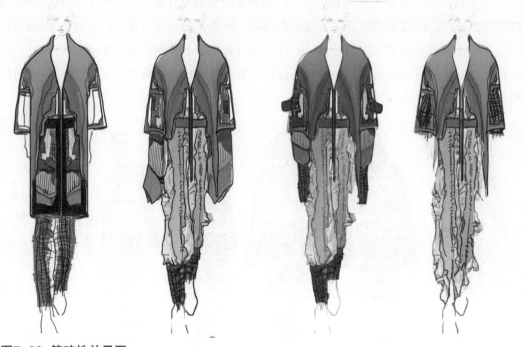

图7-38 简略性效果图

张粤玖玖,《无形暴力》（Invisible Violence）

效果图两部分,这是与其他时装效果图、时装画的最大不同。通常情况下,着装效果图表现的是成衣穿在人体上的整体形态,除了公司的设计产品外,还描述出与其他服装搭配的整体效果。平面款式效果图是对着装效果图的有力补充,由于着装效果图更多的是表现设计的感性、整体效果,而平面款式效果图则更理性、更清晰、更能为后续的设计制作提供坚实的制图依据。

着装效果图配上平面款式效果图（图7-39）,在正面和背面款式图中表现出设计细节、面料小样、设计说明、粗略的成本核算等内容,必要时还必须在旁边画图描述工艺说明。目的仅有一个,最

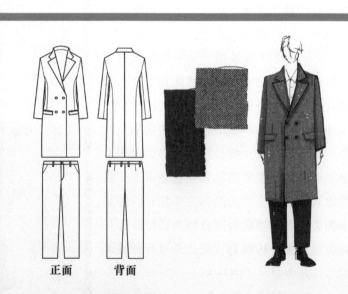

正面　　背面

图7-39 平面款式效果图

梁思齐,《喀拉哈里》

大限度地将设计师的思想以及工艺方法在图纸上交代清楚。平面款式效果图是指以平面图的形式表现服装的外部构造、比例、内部分割以及部位之间的比例关系的图样。款式图一般都是比实际服装缩小几倍地描绘，所以要严谨准确地表达出服装的基本造型结构和部位的比例关系。

平面款式效果图作为成衣效果图中的一部分，一般有正背面款式平面图，作为一个重要的辅助图，它更为清晰地展现出服装的款式、结构、尺寸、工艺等细节，以帮助打板师、工艺师更好地理解款式的结构特点（图7-40）。

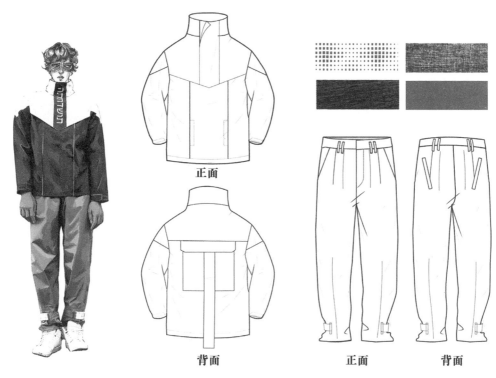

图7-40 正背面平面款式效果图

陆龙龙，《ATARA》

🈂 7.4.2 成衣设计效果图的表现方法

7.4.2.1 效果图的重点

目前设计师广泛采用的效果图表现方法主要是手绘与计算机软件绘制，无论哪种方法，都要求效果图将服装款式结构特点、色彩搭配特点、面料的质感以及上下整体的效果表现得既准确又富有实际可操作性，具有易懂、易加工生产、方便实际制作等特点。特别是对于在校学生而言，训练有素的效果图绘制技巧不但可以锻炼基本的造型表达能力、手头设计创意能力、审美评判能力，也为今后成为职业设计师奠定一定的基础。

7.4.2.2 手绘

传统的手绘表现成衣设计效果图是很多在校学生和专业设计师训练效果图与表现效果图的基本方法，它具有比计算机更生动、更细腻的特点。甚至很多公司在招聘时依然采用手绘效果图方法来选用设计师或设计助理，而礼服类的公司通常采用的是手绘效果图。在学生以计算机绘制为主参加的大赛效果图稿中，一副描绘细腻、准确、生动的纯粹手绘效果图更能够获得评审的青睐，可见在时代发展、科技不断创新的潮流下，手绘所传达出的扎实的绘图功底仍然占据一定的地位（图7-41）。

图7-41 手绘表现的成衣设计效果图

黄碧莹，《花魁》（Sakuran）

（1）常用的手绘工具

①铅笔（H～3B）　铅笔是一种极其常用、方便、富有表现力的工具。铅笔是快速勾线的理想工具，能创作富有明暗调子的作品，并且因为其易于修改、小巧方便，应用十分广泛，几乎所有的艺术作品均是以铅笔稿开端的（图7-42）。

②钢笔、针管笔　也称绘图笔，粗细0.1～2mm不等，笔尖粗细均匀，画出的线流畅而没有笔锋。常用于效果图或款式图的描线，特点是线条流畅精美、清晰规范，能够表现细致的刺绣、编织纹样等。但缺点是不易于修改（图7-43）。

③箱头笔　分为油性与水性，油性不可

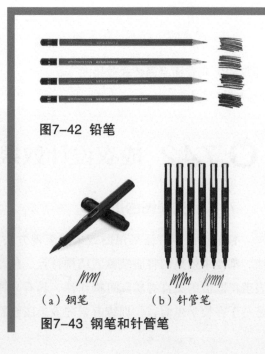

图7-42　铅笔

（a）钢笔　　（b）针管笔

图7-43　钢笔和针管笔

擦除，而水性可以擦除。笔锋较大，适于绘制着装款式图、款式图的外轮廓以及设计稿的轮廓装裱（图7-44）。

图7-44 箱头笔

④水粉笔和水彩笔　分1～14号，号数越小，笔锋越纤细，适于做细部刻画；号数越大，笔锋越粗大，适于做大面积的着色（图7-45）。

图7-45 水彩笔和水粉笔

⑤彩色铅笔　分为油性彩色铅笔与水溶性彩色铅笔两种。

油性彩色铅笔中加入了蜡，因此有一定的防水性，绘制时有一定笔触，具有容易控制、色彩鲜艳、方便携带等特点（图7-46）。

水溶性彩色铅笔具有一切油性彩色铅笔所具备的基本功能。区别在于水溶性彩色铅笔的笔芯成分含有可溶于水的成分，绘制时可以先在无水的情况下将色彩画在纸上，然后用笔蘸水将颜色晕开，形成一种微妙的水彩效果（图7-47）。

彩色铅笔适合款式图与着装图的着色，运用较广，成为很多设计师喜爱的设计草图绘画工具（图7-48）。

图7-46 油性彩色铅笔

图7-47 水溶性彩色铅笔

图7-48 彩色铅笔效果图

王宇晴，《旁观者效应》（Bystander Effect）

⑥马克笔　有单头与双头、水性与油性之分。服装设计图中多采用水性马克笔，其色彩透明，上色后留有笔触，吸水性弱的光面卡纸比较适宜表现马克笔，视觉效果很好（图7-49）。

图7-49　水性马克笔

（2）颜料

①水彩颜料　又称水彩色，膏体细腻，含胶量较多，透明度强，可以和水以任意比例进行混合，适合绘制着装款式图，表现丝绸、丝光棉、皮革、有涂层反光织物的成衣效果（图7-50）。

②水粉颜料　具有不透明、色彩强烈、表面无反光、适宜复制等特点，适合平涂大面积色彩，绘制毛衫、牛仔装、皮草、棉织类成衣效果（图7-51）。

③丙烯颜料　色泽鲜艳、干燥快，干后表面无反光，有抗水性，不会龟裂，附着力大，覆盖力强，适于绘制着装款式图（图7-52）。

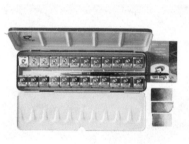

图7-50　水彩颜料　　　　图7-51　水粉颜料　　　　图7-52　丙烯颜料

（3）纸张和调色盘

①纸张　设计稿用的纸张主要包括水粉纸、水彩纸、素描纸、绘图纸、卡纸、拷贝纸、复印纸、打印纸等。水彩纸吸水性良好，表面粗糙，主要包括160g、190g、320g等型号。水粉纸适合水粉技法，正反面都可以用于效果图的绘制，主要包括120g、140g、160g等型号（图7-53）。素描纸与复印纸适合绘制设计草图，素描纸主要包括120g、140g、160g等型号，A4复印纸可以用于绘制草图。绘图纸主要规格为100g，既可用于设计草图绘制，又可用于绘制款式图与着装效果图。拷贝纸主要用于图案、款式图的拷贝。卡纸主要用于设计稿的装裱。打印纸主要用于计算机图的打印。

图7-53　水粉纸

②调色盘　调色盘可以放置挤出的颜料，方便携带、使用，更重要的功能还是用于调色（图7-54）。调色盘内

图7-54　调色盘

的颜料宜按光谱顺序排列，以减少或避免邻近色相互污染。每次用剩下的颜料，可以在其中加入几滴水，盖上盖子，下次使用前用软笔吸掉即可。干透以后的颜料一般难以再利用。所以每次不要挤太多，以免造成浪费。

7.4.2.3　不同手绘表现技法的着装效果图

（1）淡彩线描　淡彩线描是以水彩涂色，钢笔或毛笔勾勒轮廓。特点为色彩轻快、透明，线条清晰，易于表现服装结构，表现起来比较轻松、便捷，尤其是自然的水渍和溶化效果生动而别致（图7-55）。

图7-55　淡彩线描效果图
张益宁，《埃及隐秘的自由》

（2）平涂勾线　平涂勾线是用单纯色块平涂，然后用深色或浅色勾勒轮廓与结构线。特点是多用于水粉画颜料，色彩写实、块面分明，具有较强的装饰效果（图7-56）。

（3）平涂　平涂是用单纯色块进行平涂，以色块间的色调、明度及纯度的对比来表现服装的结构。可以用于表现色彩鲜艳、图案简洁、结构简单的服装。特点为简约、明快、视觉冲击力强（图7-57）。

图7-56　平涂勾线（于雯姣作品）

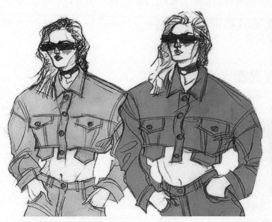

图7-57 平涂效果图

朱利安·斯蒂普斯（Julianstips）作品

图7-58 素描效果图

吴玮宗，大浪杯参赛作品

（4）素描　素描是以单色绘制服装，主要表现服装的具体结构。特点为单纯、细腻、写实（图7-58）。

（5）明暗色彩　在不勾线的情况下，借助色彩的色相、明度、纯度变化来表现服装的结构、体积与色彩的关系。与平涂相似，但它会表现出一种明暗关系的立体感（图7-59）。

（6）喷绘　喷绘是即以牙刷、喷枪等为绘画工具，对画面整体或局部施以喷绘的特殊方法，达到均匀自然、细腻的艺术效果（图7-60）。

（7）影绘　当需要格外强调服装的外轮廓造型时，用影绘的方法可以使观者对服装的大造型有明确的概念（图7-61）。

图7-59 明暗色彩效果图

　阿里娜·格林帕卡（Alina Grinpauka）作品

图7-60 喷绘效果图

　斯韦特兰娜·伊萨诺娃（Svetlana Ihsanova）作品

图7-61 影绘效果图

　杰西卡·杜兰特（Jessica Durrant）作品 "A Little Bit Coco"

7.4.2.4 手绘表现的平面款式图

使用手绘方式表现款式图有许多技法，如单线平面、单线立体、色彩表现、面料拼贴等。一般用的是单线平面表现（图7-62），这也是体现平面款式图最本质的特点和作用的一种迅速又实用的方法，这种绘图方法避免色彩和面料的干扰，最大限度地展现服装款式清晰的结构造型比例特点。一般手绘用到的工具有马克笔、不同型号的针管笔，粗细线搭配，完整并具体表现出平面款式图的理性、结构清晰的特点（图7-63）。不同于计算机表现的平面款式图的单一工整，手绘平面款式图可以随绘制人的特点选择不同的风格表现，只要是在表现出服装款式基本的款式结构特点的基础上，并且不背离款式图的作用的前提下。风格上主要分为工整严谨和自然随意两大类。

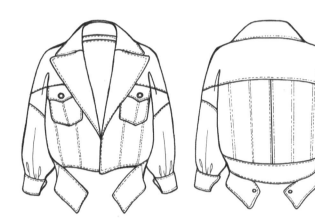

图7-62 粗细线勾画的女童正背
面平面款式图（于雯姣作品）

图7-63 马克笔表现的手绘服
装平面款式图（于雯姣作品）

7.4.2.5 计算机绘制

常用绘制设计效果图的绘图软件包括Photoshop、Adobe Illustrator、Coredraw、Painter等。Coredraw与Illustrator常用来绘制平面款式效果图，而Photoshop与Painter则是专业用于图像处理的绘图软件，广受设计师的欢迎。在计算机技术的不断更新与升级下，计算机绘图早已成为在校设计专业的学生及在职设计师必备的技能，也是迅速实现设计效果的有效方法，其强大的图像处理功能使得现代成衣设计效果图表现出现代特有的科技感、时尚感，是手绘所不能比拟的。当使用计算机绘制效果图的方式出现之后，其表现出很多优势：一方面可模拟各种绘画材料、技法的表现效果；另一方面又方便修改调整，放大缩小。此外，绘图软件有许多特殊的功能，为效果图提供丰富的表现空间、素材和途径。它对于画面的修复和完善使整体效果更为完美，便捷的色彩选择及图案操作使得短时间内及时更改时装风格成为可能。计算机绘制服装效果图需要一些软件的支持，而近年来市场上使用的软件通常以Illustrator、Photoshop、Coreldraw、Painter较为常用。

（1）常用的计算机绘图软件

① Illustrator

a. Illustrator介绍。Illustrator是Adobe公司推出的矢量绘图软件，使用Illustrator提供的工具能够方便快捷地创建出效果图中的人物、面料、辅料、图案等，并可以依据不同的需要进行参数化设置绘图工具属性，如调节画笔的粗细、虚实、颜色等，使得绘制的效果图更加逼真。Illustrator还提供针对绘制的对象进行各种排列组合、镜像操作等功能，通过简单直观的变换，逐渐形成不同的系列款式，举一反三，为时装画的创建及修改提供便捷的途径，效率很高。

b. Illustrator操作界面认识。在Windows桌面上双击桌面启动图标打开Illustrator后，执行"文件-打开"命令，打开一个新文档后，将出现操作界面（图7-64）。Illustrator的窗口由标题栏、菜单栏、工具箱、浮动面板等几个部分构成。

图7-64　AI操作界面

Illustrator主要用来画平面款式图，用法较为简单便捷。启动Illustrator并新建打印文档后，使用"钢笔工具"与"直接选择工具"画出线稿。画好之后，用"选择工具"选择全体对象，将工具箱中的"填色"和"描边"按钮设置成自己想要的图案或颜色，即可为选中的对象上色。

② Photoshop

a. Photoshop介绍。Photoshop（简称PS）是Adobe公司推出的基于栅格图像处理的图形处理软件，分别包括PC机和苹果机（Mac）两种版本。Photoshop是目前桌面计算机系统中最强大且最受欢迎的图像编辑软件之一。它具有对图像进行颜色、形象的控制，合成图像，施加特殊效果并制作网页图像和Web页等功能，广泛应用于广告、摄影、出版、印刷、平面设计、影视设计等领域。

b. Photoshop操作界面认识。在桌面上双击桌面图标，打开Photoshop后，执行"文件-打开"命令，打开一个新文档后，将出现操作界面（图7-65）。从图中可知Photoshop的窗口由标题栏、菜单栏、工具箱、浮动面板、图纸绘制区等几个部分组成。

图7-65 Photoshop操作界面

c. Photoshop绘制时装画步骤

步骤一：扫描线稿。双击桌面Photoshop图标，进入软件操作界面。在菜单栏"文件"中选定导入扫描仪，调整适当的分辨率完成扫描线稿图像。通常300dpi即可。在条件不完备时，也可以利用像素较高的相机、手机等设备拍照后将图片导入电脑，然后利用Photoshop调整图片的对比度等来获得较清晰的线稿。用Photoshop打开一张像素高的位图，使用钢笔工具沿着位图上图像的轮廓勾勒也可以获得线稿，而且清晰，方便后续操作。

步骤二：线稿的整理与处理。若扫描的线稿不够清晰，可以对其进行整修。执行菜单栏"图像-调整-色阶"命令，在色阶对话框中分别选定"在图像中取样已设置黑场"对准图像中的线条部分和"在图像中取样已设置白场"对准图像中的背景部分，此时线条变黑，灰白色的背景变白。

步骤三：使用钢笔工具描摹线稿。选定工具箱中的"钢笔工具"细致地对时装人物和服装线稿进行描绘。在图层浮动面板中新建一个图层，并应用工具箱中"油漆桶"工具将图纸填充为白色，在图层浮动面板中的"设置图层的混合模式"里选定"正片叠底"模式。单击"背景"层旁的"指示图层可见性"按钮，将有扫描图稿的背景层进行隐藏。

步骤四：描边路径。选定工具箱中的"画笔工具"，并将画笔设置成理想笔触形状。打开"路径"控制面板，点击"用画笔描边路径"按钮，Photoshop将迅速使用画笔对路径进行描绘。描摹完毕后，在"路径"面板中的空白处单击，即可隐藏所有路径形状。

步骤五：时装人物的绘制。在"图层"控制面板中"线稿"图层的下方新建名为"人体"的新图层。在工具箱中将"前景色"设置成理想的皮肤色，沿线稿形状描绘出人体的部分皮肤颜色。分别选用工具箱中的"减淡工具"和"加深工具"并设置其画笔大小后，在人物皮肤处来回拖拽，以获得理想的明暗效果。采用相同方法绘制出人物五官和头发，并将其建立在不同的图层上。

步骤六：图案面料的贴入。执行菜单栏"文件"中的"打开"命令，将理想的面料图片文件打开后，执行菜单栏"选择"命令中的"全部"，然后执行菜单栏"编辑"中的"拷贝"命令，然后将其关闭。应用工具箱中的"多边形套索工具"，对图像中的裙子部分进行选择，执行菜单栏"编辑"中的"贴入"命令，将面料图片贴入裙子的选区。

步骤七：面料的调整与塑造。执行菜单栏"编辑"中的"自由变换"命令，调整贴入的面料图片到合适的大小，然后按下【Enter】键确定。使用工具箱中的"加深工具"与"减淡工具"并设置其画笔大小后塑造服装的明暗效果。

步骤八：色彩的调整。在"裙子"图层处于当前工作图层的状态下，执行菜单栏中的"图像-调整-色相/饱和度"命令，通过设定随即弹出来的对话框数值，使裙子产生色彩的变化。综合上述操作方法，创建裙子上的腰带部分，并塑造其明暗效果。

步骤九：文件的保存。整个绘制完成后，执行菜单栏中"文件-存储"命令，在弹出的对话框中填写文件名，设置"PSD"文件格式，将文件保存好（图7-66）。

图7-66 表现完整风格鲜明的电脑效果图

陈晨，《微观世界》（Microcosm）

③Painter和Coreldraw

a. Painter介绍。Painter意为"画家"，是加拿大著名的图形图像类软件开发公司Corel公司推出的基于栅格图像处理的图形处理软件。它除具备任何图像软件应有的功能外，还提供丰富的画笔种类工具和各种素材库。它不但能模仿现实中的各种绘画风格和绘画技法，还能随心所欲地创造出新的特殊的效果，开创了一个充满创造力的计算机绘画空间。对于服装设计师而言，该软件可以使绘制的时装效果图达到以假乱真的效果。另外，Painter与现代计算机绘画工具数位板的组合更是完美。它可以灵敏地感应压笔在数位板上的绘制轻重与压力大小，使画面发生虚实、浓淡等微妙的变化，让使用者体会到现代计算机时装画无纸绘画方式的乐趣。但Painter在成衣设计中并不常用。它更像是一个"画家"，是一个复杂的图像处理软件。

b. Coreldraw介绍。Coreldraw是Corel公司推出的基于矢量图形处理的图形处理软件，是当今世界上最庞大、最丰富且最优秀的绘图软件之一。利用它能够进行绘制艺术标题、招贴海报、文本标注、复杂图形画面与图形修整等工作。它可以对服装设计师的矢量设计图进行处理和加工，也可以生成矢量图形的时装效果图，还可以编辑从其他应用程序输入的图形、图表、文本、照片。

（2）计算机绘制的着装效果图。使用计算机软件特别是Photoshop软件绘制效果图，能够提供不同类型的线条，并且运用复制、对称、剪贴、缩放、变形等图形编辑功能迅速而准确地绘制出服装款式效果图，其强大的色彩库也能满足设计中不同产品的需求，可以真实地表现服装的面料及色彩，最终创作出线条整洁、结构分明、色彩均匀的成衣设计效果图，应用于不同实际需求（图7-67）。

图7-67 具有超写实风格的计算机效果图

冷春阳，《在精神错乱的边缘》

与手绘相比，它的绘制过程简洁迅速，工具应用方便快捷，是商业设计的重要表现手段。在计算机表现风格上主要有超写实风格，以达到与实际物品逼真的写实效果，也有手绘风格，类似手绘的计算机效果体现手绘的生动与细腻，同时还有手绘与计算机结合的计算机效果图（图7-68、图7-69）。

计算机带来的强大绘图功能深受设计师与在校学生的青睐，随着软件的不断升级，未来计算机绘制效果图的视觉冲击力会更加吸引人。必须强调的是，无论哪种风格的计算机绘制效果图，其完整、熟练、准确的表现效果均取决于绘图者的基本的美术功底和对服装的理解，抛开这一点而一味强调并追求计算机的超炫效果无异于天方夜谭。

图7-68 具有手绘特点的计算机效果图

梁思齐，《喀拉哈里》

图7-69 手绘和计算机结合的效果图

陆龙龙，《ATARA》

（3）计算机绘制的平面款式效果图　常用来绘制平面款式效果图的计算机软件是Coreldraw与Illustrator，尤其是Illustrator已成为职业设计师常用的绘制平面款式效果图的工具。不同于Coreldraw的容易入手和简便，Illustrator功能更齐全，绘图效果更理想，特别是彩色平面款式效果图的面料颜色填充是Coreldraw无法相比的。

图7-70　单线表现的平面款式图（于雯姣作品）

基于款式图的严谨特性，更多的设计师喜欢用计算机绘制款式图。计算机绘制的款式图更加对称、工整，且能够轻松绘制出流畅圆顺的线条，同时拥有丰富的色彩及真实的面料质感。在现代高等院校的教育和商业设计中，计算机的快捷、简便和容易修改的绘图方法广受欢迎。

图7-71　具有图案、面料效果的平面款式图（于雯姣作品）

计算机绘制的平面款式效果图包括粗细线条法、面料填充法、色彩与图案填充法（图7-70~图7-73）。无论哪种方法，计算机绘制平面款式图都更为高效、准确、精细。用计算机绘制的平面款式图可以弥补手绘自由随意的缺陷，给予观者一种干净、清晰的感受。

服装平面图同样要结合人体的特点来表现。不论在外部造型上，还是内部结构分割上，都要考虑到人体，分割、开衩等的部位必须与人体本身的特点及活动规律等相符合。黄金比例的应用在服装平面款式效果图中具体到服装的长宽比、衣长与身高的比、衣长与裙长比等，如此即使是比实物缩小很多倍的款式图仍然能保证可以判断出其实际的大小、比例，而不是成人款式的服装缩小至1∶5的款式图后看起来像童装的效果。

图7-72　填充实际面料效果的平面款式效果图（于雯姣作品）

因为多数服装的结构都是对称的，所以表现服装平面款式结构时就要充分考虑到这一点。用计算机绘制平面款式图的时候，只要先绘制出一边，然后通过对称复制即可将另一边画好。手绘款式效果图时应注意绘制的线条对称、平衡、协调。

7.4.3 成衣设计效果图绘制的基本思路

7.4.3.1 确定主题

（1）灵感与调研　在绘制新的设计效果图之前需要素材来源，即灵感来源。灵感来源决定系列效果图表现的基本风格和特点，以及设计图的原创性。这一系列主题灵感来源于中国传统纹样，中国传统纹样丰富多彩且应用广泛，在建筑、器皿、服饰中呈现的传统纹样均成为本系列设计效果图的灵感来源（图7-74）。

图7-73　填充了色彩和图案的平面款式效果图（于雯姣作品）

图7-74　设计效果图的灵感来源——中国传统纹样

陈果，《传承与突破》（Inheritance and Breakthrough）

灵感来源确定好之后，需要根据灵感来源寻找、归纳、确定图片。首先，从图片中提取一定的设计元素。例如本系列灵感来源为中国传统纹样，从调研灵感图片中可知，中国传统纹样在不同物品上有不同的呈现方式。其次，这些不同的呈现方式为后续的绘图提供面料肌理特点（图7-75）。

载体不同，纹样的呈现方法也不同，都会使传统纹样传递出不同的信息。在搭配组合纹样的过程中，多种纹样之间不同的穿插排列，也会使成品表现出不同的效果。传统纹样表现出细腻、生动、具有故事性的特点也是灵感来源图片中需要提取的主要元素（图7-76）。

图7-75 质感特点

陈果，《传承与突破》（Inheritance and Breakthrough）

图7-76 纹饰

陈果，《传承与突破》（Inheritance and Breakthrough）

中国传统纹样在陶瓷中也将其本身的特点充分发挥，经过陶瓷艺人的巧夺天工，每一件陶瓷的装饰纹样与陶瓷本身特点相契合的同时又兼具艺术价值。经典的海水纹饰，取其吉祥绵延之意。海水布局为圆圈形式，多为八至十圈，中心为海螺纹或饰一朵花卉。画面为游龙出没于惊涛骇浪之中。行云与海水都以青花和绿彩组成，浪涛则不施彩，显现出浪涛天的气势。陶瓷所具有的纹饰特点为效果图的创作提供具有中国韵味的创作元素。

（2）流行趋势分析　在创作及绘制效果图之前需要进行一定的设计调研。设计调研主要有流行趋势调研和消费群的调研。一副成熟、完整且时尚的成衣系列效果图是建立在大量的、具体的设计调研基础上的，也使得设计效果图具有实用、时尚的特点，而不是单纯的设计技巧或款式的展示。本系列设计调研中流行趋势的调研主要基于近年来时尚趋势的总体方向。随着中国走向世界，世界的眼球越来越关注中国，近年来的各大时装周也常常以中国元素作为设计灵感以迎合消费观。青花瓷的典雅，龙纹的大气，梅花纹饰的秀丽，给服装更加强烈的设计理念。所以，选择能体现中国特色同时又富有故事性的中国传统纹样为灵感来源无疑是合适的（图7-77）。

图7-77　中国风图案装饰

陈果，《传承与突破》（Inheritance and Breakthrough）

流行趋势的调研还包括廓型。现在简洁、舒适已经成为流行的代名词。在这个变化就是时尚的今天，简洁流畅的廓型以一种无法取代的地位占据时装周的重要位置。大廓型的流畅剪裁给人一种大气中不失优雅的设计感。所以，此系列以简洁的箱型为设计特点，迎合了目前时尚的箱型和H型的流行廓型（图7-78）。

图7-78　简洁流畅的廓型设计

陈果，《传承与突破》（Inheritance and Breakthrough）

（3）主题策划　此次设计的灵感源于中国元素的代名词"传统纹样"，取自中国传统建筑、服饰、器具中呈现的

图7-79　主题板

陈果，《传承与突破》（Inheritance and Breakthrough）

多种传统装饰纹样。将这三者结合起来，加上现今流行的简洁廓型进行创作设计，最后确定主题为传承与突破（Inheritance and Breakthrough）（图7-79）。

（4）色彩策划　本系列色彩选定红色系。通过不同质感和肌理的面料效果来呈现中国传统文化的继承与突破（图7-80）。

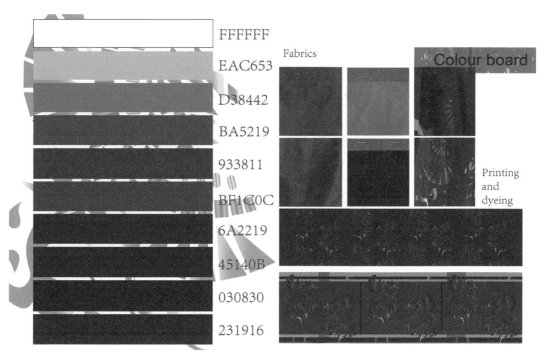

FFFFFF

EAC653

D38442

BA5219

933811

BF1C0C

6A2219

45140B

030830

231916

图7-80　色彩板

陈果,《传承与突破》（Inheritance and Breakthrough）

7.4.3.2 创作系列设计草图

（1）创建人体模板　根据系列的设计风格，选择适宜服装搭配的人体模板。人体模板主要由绘制的人体动态决定，为以后的人体着装奠定基础（图7-81）。

（2）系列设计的人物构图模式　将系列效果初步构图并进行调整，构图依照款式风格特点以及系列形成的效果来确定（图7-82）。

图7-81　人体模板

图7-82　系列效果初步构图

7.4.3.3 根据主题绘制效果图草稿

先根据主题灵感来源图片绘制细节，表现清晰生动，为进一步的完整稿打下一定的基础（图7-83）。

（1）绘制正稿

①绘制效果图线稿 根据细节设计完成效果图的整体构造及细节设计，将突出的设计点运用在整个设计之中，使整个设计具有系列感（图7-84）。

②计算机着色和添加纹理

a. 将手绘线稿拍成照片形成图片格式，再用AI中的钢笔工具勾线，形成干净整洁的外部线条（图7-85）。

b. 将AI勾线完成的线稿导入Photoshop中，然后在Photoshop中进行上色（图7-86）。

c. 通过阴影、加深减淡工具以及变换等工具进行线稿的上色，然后存储文件（图7-87）。

d. 新建一个画布，将已经上色完成的人体拖动至画布上。通过不同图层的转换以及自由变换工具进行调整，使人体达到理想的大小和位置（图7-88）。

e. 新建一个图层，在新的图层上进行设计稿背景的设计（图7-89）。

f. 调整着装图与背景的大小和色彩，使其和谐，以符合设计理念（图7-90）。

（2）款式说明图的演示 效果图绘制好后选取两套制作出成衣，要求先有效果图和款式图展示的说明图，效果图是着装图，平面款式图有正背面款式图、细节指示、填充面

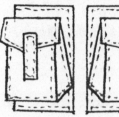
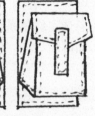

图7-83 细节设计绘制　　图7-84 效果图线稿绘制

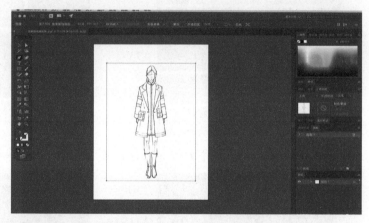

图7-85 导入图片格式

图7-86 计算机着色

图7-87　整体着色　　　　　**图7-88　整体编排**

图7-89　背景绘制

图7-90　背景和服装整体融合协调

陈果，《传承与突破》（Inheritance and Breakthrough）

料效果（图7-91）。之后加上两个款式的生产工艺指示书，具体内容有正背面单线服装款式图；款式特点及工艺要求；主要部位规格表，单位用cm；面料小样和原辅料耗用量等（图7-92）。

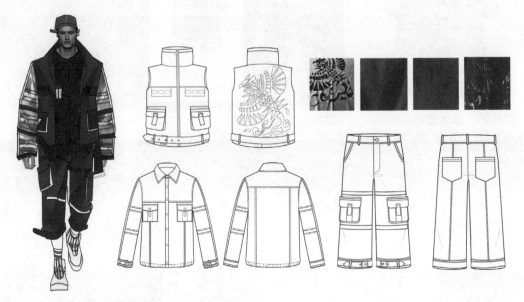

图7-91 款式效果图和平面结构图结合的展示一

陈果，《传承与突破》（Inheritance and Breakthrough）

图7-92 款式效果图和平面结构图结合的展示二

陈果，《传承与突破》（Inheritance and Breakthrough）

（3）生产工艺指示书的演示 服装的生产工艺指示书，清晰并准确地表现成衣平面结构图到具体尺寸的效果（图7-93）。

（4）成衣效果展示 成衣展示效果即成品实物图，展示成衣穿着效果即局部细节，清楚地体现从图到制作最后成型的过程（图7-94）。

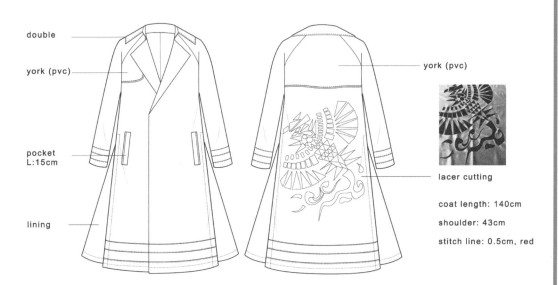

图7-93 服装的生产工艺指示书

陈果，《传承与突破》（Inheritance and Breakthrough）

图7-94 成衣图

陈果，《传承与突破》（Inheritance and Breakthrough）

7.4.3.4 成衣设计效果图的作用

作为一种体现设计师构思的有效表现途径，成衣设计效果图具备展示设计、沟通设计、表现设计理念和款式造型的基本作用，它不是时装画，需要展示一定的历史、文化、风格，是服装专业学生构思毕业设计、参加大赛投稿、入职服装公司以及入职以后的必要技能，是服装工业化生产或打样前的预想效果。根据成衣设计效果图的基本类型，其基本的用途和应用范围具体如下。

（1）毕业设计构思展示　服装设计专业的学生在校期间必须掌握的技能之一即是画设计效果图，而毕业设计从灵感来源、主题构思至设计图的表现最开始必须通过设计效果图表现出来，也是开始毕业设计制作前的必经过程（图7-95）。指导教师只有从具体的图

图7-95　毕业设计着装效果图和平面款式效果图的组合

张粤玖玖，《无形暴力》（Invisible Violence）

稿中方可一窥学生具体的设计构想以及接下来制作的可能性。所以，成衣设计效果图是在校设计专业学生将汇总的设计元素、脑海中对服装款式的构思与想象落实到纸面并通过导师审核、评判的重要方式，其他形式均无法起到如设计效果图这么快捷迅速地让其他人领会设计者的设计意图的作用。所以，一幅合格并且优秀的毕业设计效果图是毕业设计制作的良好前提，也可以作为训练学生手头表达和基本的审美、画面编排的严谨以及将想象落实画面的有效途径，为后续的设计制作奠定良好的基础（图7-96）。

图7-96 以阴阳五行为主题的毕业设计效果图

张钦禹，《玄学》（Metaphysics）

（2）设计大赛构思投稿　国内设计比赛自开始以来，采用设计效果图的方式投稿并审稿的模式至今仍是主要的方式，目前还没有更好的替代模式。效果图作为设计师表现设计思想的一种常见的途径，在参赛中更是占有举足轻重的地位。所以，画好设计效果图是入围各类大赛的必要技能，只有一幅表现准确、精细，完整地体现出设计师构思的设计效果图方可最终赢得评审的青睐并在众多参赛选手中入围大赛。所以，对设计效果图的专研和练习是入围各类设计大赛的必经过程。同时选用一种恰当的表现方法来表达设计思想，不仅需要不同工具的交叉使用，还需要在效果图上有所创意和创新，同时要求设计师具有扎实深厚的绘画功底和画面的掌控能力，一如才华横溢的导演，在纸面上倾情编绘出精彩的设计故事（图7-97）。

大赛效果图的绘图手法一般都是手绘和计算机，可以根据设计的特点选择表现的方法。效果图一般包括着装效果图和正背面平面款式效果图，两者结合，让评审能够清晰地看到设计师从感性到理性的严谨的创作过程和思路，同时看到在成衣制作前实物操作的可行性，以此判断是否入围（图7-98）。

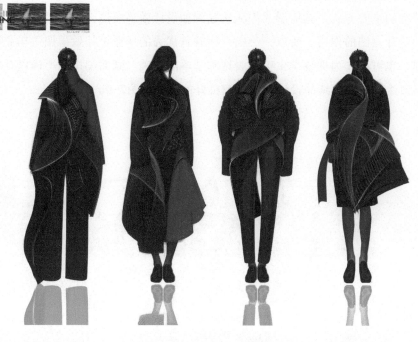

（a）张丽，《鲨线》

（b）刘嘉豪，《穿条纹睡衣的男孩》

图7-97　国内设计大赛构思投稿

图7-98 第21届"真皮标志杯"中国国际皮革裘皮时装设计大赛银奖：罗美嘉《恣·长》

（3）款式开发构思展现 服装公司产品开发构思以及工业化服装产品生产一般都采用手绘和计算机为主的设计绘图方式在产品制作以前表现出来，在学生求职设计和入职设计中，绘制效果图的能力是最基本的，亦是目前入职各类设计公司、招聘设计师的主要方式。而在公司产品开发时，设计师也通过设计效果图来体现整个一季产品开发的款式构思，通过设计效果图与设计部门人员、板师、样衣工进行基本的沟通（图7-99、图7-100）。

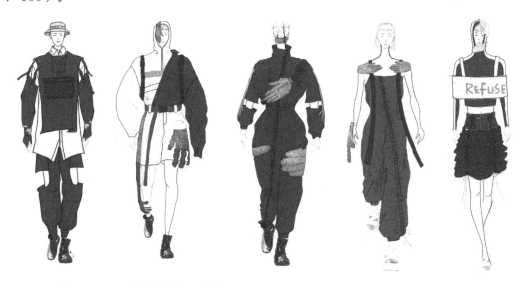

图7-99 针织、机织服装款式设计效果图

李美铮，《社交恐惧》（Social Phobia）

图7-100　梭织服装设计效果图

杨琴，《自我表达》

（4）生产工艺单款式制图　款式效果图是成衣效果图中重要的一部分，亦是工业化生产的必备图。在服装生产中发挥以图代文的设计说明的作用，在服装企业有重要的使用价值。而服装设计与工程专业的学生在毕业设计册中有一项重要的内容即是生产工艺单的图表绘制，在这份生产工艺单中模拟企业生产的具体形式，让学生系统提前掌握服装工业生产的必备要求。

用于生产工艺单图表中的平面款式效果图是打样及生产的重要图形依据，以图说话成为设计师的基本能力，绘制准确、结构合理的平面款式效果图以一种形象具体的视觉表现为打板师与工艺师提供样衣生产前的生动预想，是生产工艺单中必备的内容（图7-101）。

在设计生产过程中，平面款式效果图通过设计主管的审查，发给制板部门，制板部门通过平面款式效果图中的款式造型和设计说明来指导制

（a）正面　　　（b）背面

图7-101　毕业设计册生产工艺单中的平面款式效果图

张钦禹，《玄学》（Metaphysics）

板，保证服装产品的款式及工艺质量的准确性（图7-102）。

平面款式效果图对款式的结构必须交代清晰，必要时可用文字将明线、结构缝等图标示交代清楚，对于款式细节的表现也是重点。

（5）宣传的表现　成衣设计效果图也广泛应用在宣传或报刊、杂志、橱窗、看报、招贴等地方，或某时装品牌、设计师、服装产品、流行预测或时装活动的宣传活动中。特别是每一季的流行预测概念版当中，流行机构会通过设计师的设计效果图提前演示新一季流行的主打造型。此类效果图要求能传达给观者基本的廓型、细节、色彩、面料等流行元素，具有一定的导向作用（图7-103）。

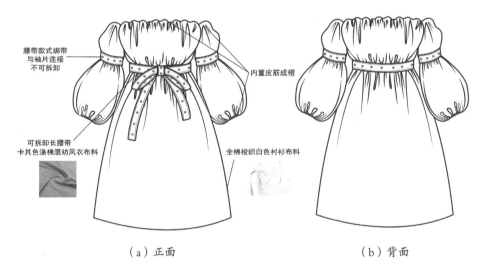

（a）正面　　　　　　　　　　　（b）背面

图7-102　样衣工艺制作单中的平面款式效果图（于雯姣作品）

图7-103　新一季流行预测主题下的主打造型效果图展示（于雯姣作品）

参考文献

[1]王志惠. 服装设计与实战[M]. 北京：清华大学出版社，2017.

[2]史林. 服装设计基础与创意. 第2版 [M]. 北京：中国纺织出版社，2014.

[3]朱远胜. 面料与服装设计[M]. 北京：中国纺织出版社，2010.

[4]李慧. 服装设计思维与创意[M]. 北京：中国纺织出版社，2018.

[5]曹茂鹏. 服装设计配色从入门到精通[M]. 北京：化学工业出版社，2018.

[6]刘婧怡. 服装设计手绘效果图步骤详解3[M]. 武汉：湖北美术出版社，2015.

[7]赵耀. 图解服装设计与制作：领型篇[M]. 北京：化学工业出版社，2018.

[8]曲媛，周露露，马唯. 服装配饰艺术设计[M]. 长春：吉林美术出版社，2015.

[9]王蕾，杨晓艳. 服装设计表达[M]. 北京：化学工业出版社，2013.